新商科大数据系列创新型教材

数据分析与可视化

郁 诺 郭 晔 主编

电子工业出版社.
Publishing House of Electronics Industry
北京·BEIJING

内 容 简 介

本书以数据分析为切入点，以数据可视化全流程为主线，从最基础的表格工具 Excel 到专业的数据可视化工具 Power BI、Tableau 及编程语言 Python，系统讲解了数据可视化的操作流程。每章设置了"本章导读""本章学习导图""职业素养目标""综合实验""思考与练习"模块。全书共 9 章，第 1 章是入门篇，介绍了数据分析与可视化的基本概念；第 2～6 章以商业数据为案例，详细介绍了使用 Excel 进行数据分析并进行可视化展示的全流程；第 7～8 章以 Power BI、Tableau 为工具，讲解从连接基础数据到进行数据分析的全过程；第 9 章讲解利用 Python 实现数据可视化的基本方法，主要介绍了利用 Python 进行数据分析与可视化的基础库和扩展库。

本书图文并茂，内容翔实，案例充分，重视知识性和实用性的结合，强调数据可视化的作用和方法。本书适合作为高等院校非计算机专业"数据分析与可视化实践"或"可视化实践与提高"等课程的教材，也可作为创新创业课程、实验实习课程、计算机应用和高级办公自动化方面的培训教程或参考用书。

图书在版编目（CIP）数据

数据分析与可视化 / 郁诺，郭晔主编.—北京：电子工业出版社，2023.8

ISBN 978-7-121-46321-1

Ⅰ．①数… Ⅱ．①郁… ②郭… Ⅲ．①可视化软件—统计分析—高等学校—教材 Ⅳ．①TP317.3

中国国家版本馆 CIP 数据核字（2023）第 173473 号

责任编辑：刘淑敏　　　特约编辑：刘广钦

印　　　刷：大厂回族自治县聚鑫印刷有限责任公司

装　　　订：大厂回族自治县聚鑫印刷有限责任公司

出版发行：电子工业出版社

　　　　　北京市海淀区万寿路 173 信箱　　邮编：100036

开　　本：787×1 092　1/16　印张：17.75　字数：438 千字

版　　次：2023 年 8 月第 1 版

印　　次：2023 年 8 月第 1 次印刷

定　　价：59.00 元

凡所购买电子工业出版社图书有缺损问题，请向购买书店调换。若书店售缺，请与本社发行部联系，联系及邮购电话：（010）88254888，88258888。

质量投诉请发邮件至 zlts@phei.com.cn，盗版侵权举报请发邮件至 dbqq@phei.com.cn。

本书咨询联系方式：（010）88254199，sjb@phei.com.cn。

前　言

在信息化时代，数据无处不在，人们希望快速筛选出能影响自己决策的数据。然而，这样的数据分析需要大量的数据和专业工具。数据可视化技术应运而生，将数据以直观的形式展示出来，帮助人们更好地理解商业数据、财务数据、HR 数据和家庭财务支出等信息。数据分析与可视化已成为各行各业的必备技能，因为它可以用各种图形或图表展示数字和报表的联系，让阅读者一目了然。

"数据分析与可视化"听起来很高深，但只要掌握基本方法和工具，任何人都可以成为数据分析师，并用可视化有效展示数据。如何快速掌握并提高效率呢？仅仅学习碎片化的小技巧是不够的，需要系统、扎实地学习和不断实践。本书以实际案例为切入点，详细讲解如何利用 Excel、Power BI、Tableau 和 Python 快速抓取最有价值的规律和信息，同时提供大量商业和生产进销存真实数据案例分析和可视化操作讲解，并给读者提供练习素材。所有案例都在 Excel 2016 版本及其他软件的正式版本中进行了操作，并在每章的结尾提供了"思考与练习"以帮助读者理解知识点。

本教材基于新工科、新文科的要求，重点强调以下 4 点：一是在课程思政导学的基础上强调职业素养目标，增强课程的代入感；二是所有例题均采用具有行业特点的数据源，增加课程的系统性；三是适时给出实践提高篇，注重知识的深度和扩展性；四是按照重要性原则安排内容，在综合性操作中给出理论综述，增加理解知识背景及工具应用的创新特性。在内容讲解方面，对于用到的工具，摈弃一些细节，淡化版本，注重方法，并据此选取书中的知识模块，在强化 Execl 普适技术应用的基础上，适时引入 Execl 实践与提高，强调 Excel 在不同领域中的应用，增加用 Excel 解决专业领域问题的方式和方法。针对目前比较流行的专业数据可视化工具 Power BI、Tableau 及 Python，侧重介绍它们的优势，例如，Power BI 的数据处理能力、Tableau 的便捷的可视化功能，以及 Python 的强大的实时交互能力、个性化图形处理能力和数据处理能力等，帮助读者了解不同工具带来的便利性。

考虑到读者的数据分析基础可能有差异，本书在第 1 章系统介绍了数据分析的基础知识，包括数据分析和数据可视化的概念、基本原理和技术。内容逐步深入，方便零基础的读者学习。在第 2～9 章中，每章以案例为导向，不仅讲解软件功能，还综合讲述数据分析和数据可视化技术，帮助读者建立数据分析思维方法，并掌握可视化设计的基本原理和方法。本书旨在引导读者以问题解决为导向，而非单一软件功能的实现。

本书由陕西省普通高等学校优秀教材一等奖获得者郭晔教授主导策划，由郁诺、郭晔主编，其中第 1、3、5、6、7、8、9 章由郁诺编写，第 2、4 章由郭晔编写。在书稿的筹备出版过程中，得到了西安财经大学教务处、信息学院和信息中心的大力支持。电子工业出版社的姜淑晶老师对书稿提出了很多非常有益的修改意见，隋东旭老师对本书做

了细致的审校工作，使本书的内容更加完善。在编写过程中，许多一线的教师提出了很好的建议，家人和朋友在完稿过程中也给予了默默的支持与帮助，使作者有了充足的时间打磨书稿并输出高质量的案例和文档。在此，我们向所有支持、协助和帮助过本书编写的人表示衷心的感谢。

本书秉承"尺寸教材，悠悠国事"的理念，根据多年的教学实践，对内容、组织形式等进行多次讨论和反复推敲，以适应读者的需求，同时也适时引入思政元素。然而，受水平和时间所限，书中难免存在疏漏和不足之处，恳请各位专家和读者提出宝贵的意见和建议！

作者 E-mail：yunuo@xaufe.edu.cn

作者于西安

目　录

第 1 章
数据分析与可视化
基础知识

↘ 本章导读

常言道：工欲善其事，必先利其器。在数据成为重要资源的时代，使用计算机进行数据分析与可视化处理已成为人类工作、学习与生活必不可少的一项技能。掌握"数据分析与可视化"技术，可以有效构建与提升人类的数据思维及计算机的应用能力。本章以理论结合实践的形式，探讨数据思维在大数据时代的作用及应用，讨论数据分析中的数据来源、如何根据不同行业选择合适的数据分析方法，以及数据分析与可视化之间的关系。通过本章的学习，读者将掌握数据分析及可视化方法应用与实践。

本章学习导图

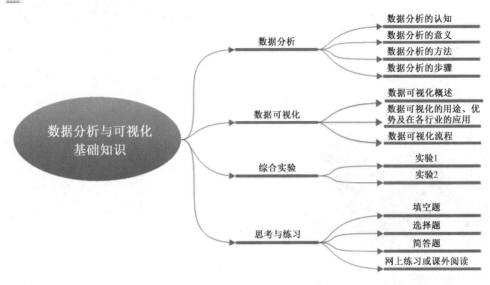

职业素养目标

对视觉通道的识别通常分为以下两种感知样式：① 对对象自身的位置和特点进行感知来获取信息，这种感知模式对应视觉通道上的分类性质和定性性质；② 对某一对象上的数值大小进行感知，这种感知模式对应的是视觉通道的定序性质或定量性质。综上所述，可以将视觉通道分为以下两大类：

（1）定性（分类）的视觉通道，例如，形状、颜色的色调、控件位置。

（2）定量（连续、有序）的视觉通道，例如，直线的长度、空间体积、区域面积、斜度、颜色的饱和度和亮度。

信息化和数字化已成为时代的标志，数字经济正加速渗透传统产业。数据的价值已得到社会各界的认可，数据成为继土地、劳动力、资本和技术之后的第五大生产要素。根据国际数据公司（International Data Corporation）发布的《数据时代 2025》，从 2018 年起，全球每年产生的数据增长至 175 ZB，相当于每天产生 491 EB 数据。数据分析已成为从人力资源、客户服务、财务管理、销售运营到教育、医疗和金融等行业必须具备的技能。未来，数据将无处不在，数据分析将成为各行各业的基础建设。各种组织越来越重视数据分析，国际研究机构 Gartner 发布的《2022 年十二大数据和分析趋势》指出，决策驱动的数据分析及缺乏数据分析能力和素养是后疫情时代企业数字化转型需要重点提升的领域。

1.1　数据分析

在现代信息技术高度发达的社会中，很多具有前瞻性的企业和公司都把数据视为重要的资产。数据对于企业的业务决策和市场竞争优势至关重要，因此，如何从海量数据

中"淘金"已成为公司战略的重要任务。提到如何使用数据，一些管理者认为数据分析只是将历史数据收集整理并进行可视化展示，并不会产生实际价值，这种理解非常片面，因为历史数据可视化展现只是最基本的数据应用方式，真正的数据分析价值在于由"分析"产生结论。

1.1.1 数据分析的认知

数据分析不是历史数据的简单罗列，要搞清楚什么是数据分析，必须先理解什么是数据。

1. DIKW 体系与数据

1）DIKW 体系（DIKW 金字塔或 DIKW 框架）

DIKW 是数据（Data）、信息（Information）、知识（Knowledge）、智慧（Wisdom）4 个英文单词的首字母缩写，将数据、信息、知识、智慧分成 4 级，形成一个金字塔形状。第一层是数据，为基础层；第二层是信息，增加了"时间和空间"，或"进行过加工处理"，或是"有意义、有价值、有关联"的数据；第三层为知识，增加了"如何使用信息"；第四层是智慧，增加了"如何使用知识"，为顶层。每层都增加了不同的内涵，内涵越大，外延越小。该模式认为，数据、信息、知识和智慧之间的关系是数据外延最大，信息次之，知识再次之，智慧最小。这就是整个知识管理体系的基础——经典的 DIKW 体系，如图 1-1 所示。

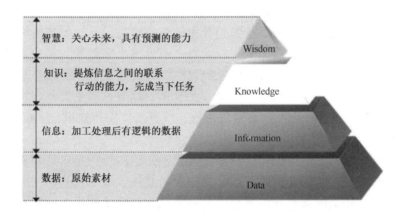

智慧：关心未来，具有预测的能力　Wisdom

知识：提炼信息之间的联系
行动的能力，完成当下任务　Knowledge

信息：加工处理后有逻辑的数据　Information

数据：原始素材　Data

图 1-1　DIKW 体系

2）数据与信息

数据是各种可以感知的形象符号或抽象的声音、气味等，数据本身没有任何具体意义。信息是经过加工处理的数据。可以把信息看作数据的解释，信息能够对接收者行为产生影响，可以用于回答特定的问题。信息将数据映射为视觉信息。可视化映射是建立起数据与图形纽带的第一步，也是数据可视化设计不可缺少的步骤。信息层次主要研究如何将数据可视化，通过从视觉元素中提取出的可视化属性，并依据所表示的数据类型对其进行分类，探讨各类可视化属性的表现力强弱，最后根据前注意视觉理论和格式塔原理提出可视化属性的评判标准。

知识则更进一步，是对信息的应用，体现了信息的本质。知识是在对信息集合进行提炼、综合的基础上，获得的经验、判断和理解。知识通过可视化分析提取数据特征，帮助用户获取信息和知识。根据分布式认知理论，当可视化分析的方式符合用户心理映像时，用户可以直接获取数据可视化所表现的信息和知识。通过可视化分析建立起有效的外部特征，可以提升用户对数据可视化认知效率。可视化分析的流程包括确定目标、构建内容和确定方式。

金字塔尖的智慧是合理运用知识并进行正确决策、判断的能力。智慧关注未来发生的事情，通过运用历史和正在发生的知识去预测、判断未来的情况。智慧通过可视化表达提升数据可视化的可读性。可视化表达的作用体现在各个方面，如记录数据、分析数据和传播数据等。智慧层次从用户需求分析入手，提出可视化表达的规范，并梳理了可视化表达的步骤。

通过 DIKW 模型分析，可以看到数据、信息、知识与智慧之间既有联系，又有区别。其中，数据是记录下来可以被鉴别的符号，是最原始的素材，未被加工解释，没有回答特定的问题，没有任何意义；信息是已经被处理、具有逻辑关系的数据，是对数据的解释，这种信息对其接收者具有意义。

Google 首席经济学家、UC Berkeley 教授 Hal Varian 指出："数据正在变得无处不在、触手可及；而数据创造的真正价值，在于我们能否提供进一步的稀缺的附加服务，这种增值服务就是数据分析。"数据的价值在于其所携带的信息，而信息中蕴含着知识和智慧。大数据作为具有潜在价值的原始数据资产，只有通过深入分析才能挖掘出所需的信息、知识和智慧。未来人们的决策将日益依赖数据分析的结果，而非单纯的经验和直觉。整体来看，知识的演进层次可以双向演进。从噪声中分拣出来数据，转化为信息，升级为知识，升华为智慧。这样一个过程是信息的管理和分类的过程，让信息从庞大无序到分类有序，各取所需，这是知识管理的过程。反过来，随着信息生产与传播手段的极大丰富，知识生产的过程也是一个不断衰退的过程，从智慧传播为知识，从知识普及为信息，从信息变为记录的数据。

综上所述，在当今海量数据、信息爆炸时代，知识的作用是去伪存真、去粗存精。知识使信息变得有用，可以在具体工作环境中使特定接收者解决实际问题，提高工作效率和质量。同时，知识的积累和应用对于启迪智慧、引领未来也有非常重要的作用。

2. 数据分析的定义

数据分析是应用数学、统计学理论和科学的统计分析方法（如线性回归分析、聚类分析、方差分析、时间序列分析等）对数据库中的数据、Excel 数据、收集的大量数据、网页抓取的数据等进行分析，从中提取有价值的信息，形成结论并进行展示的过程。数据分析的目的是提取隐藏在一大堆看似混乱的数据背后的有用信息，总结数据的内在规律，以帮助管理者在实际工作中做出决策和判断。

1.1.2 数据分析的意义

数据分析是大数据技术中至关重要的一部分，可以应用于各个行业。在互联网行业，通过数据分析可以根据客户意向进行商品推荐及有针对性的广告投放等。在医学方面，可以实现智能医疗、健康评估和 DNA 分析等。在网络安全方面，可以建立攻击性分析模型，监测大量的网络访问数据并快速识别可疑访问，起到有效的防御作用。在交通领域，可以根据交通状况数据与 GPS 有效地预测交通状况并提供导航服务。在通信方面，数据分析可以统计骚扰电话，进行骚扰电话的拦截与黑名单的设置。在个人生活方面，数据分析可以对个人提供更加周到的个性化服务等。

某公司 2021 年上半年销售收入如图 1-2 所示。作为企业管理者可从中得出如下结论：2021 年上半年，公司销售业绩稳步增长，公司运营状况良好。

图 1-2　某公司 2021 年上半年销售收入

但是进一步分析发现，2021 年上半年，公司销售业绩持续稳步增长的同时，销售成本也大幅度增加，如图 1-3 所示，公司运营状况是否良好呢？目前无法得出结论。

图 1-3　某公司 2021 年上半年销售收入与成本对比

公司经营活动的目的是获得利润，管理者需要对经营活动进行毛利分析，才能确认"公司经营状况良好"的结论是否成立。2021 年上半年销售毛利对比毛利率的情况如图 1-4 所示，从图中可以看出，3—6 月销售毛利基本不变，但毛利率持续下降，尤其是 3 月，下降幅度超过 50%。

如果这家公司当前的核心目标是提升市场份额，那么在投入大量费用进行产品推广和促销期间，毛利率下降属于正常现象，符合公司扩大市场份额的短期目标；否则，毛利率下降就是公司经营出现问题的预警信号，公司管理者应该在保证实现销售业绩增长的同时，严格控制销售成本，以获得更大的利润。

数据分析的过程是对历史数据进行加工和处理，从而产生信息、知识和智慧。这些产物才是企业业务决策的基石。使用数据指导业务决策，不仅可以大大降低企业决策失误的可能性，而且可以减少不必要的管理和运营成本。

图 1-4　某公司 2021 年上半年销售毛利对比毛利率的情况

1.1.3　数据分析的方法

数据分析是从数据中提取有价值的信息的过程，需要对数据进行各种处理和归类，只有掌握了正确的数据分析方法，才能起到事半功倍的效果。如果把数据分析比作盖房子，那么数据分析方法就是设计方案，解决房子装修的各种问题。如果没有掌握数据分析方法，那么，在面对一堆数据分析问题时，就会感到手足无措，不知道如何分析。

数据分析方法一般包括描述性数据分析、探索性数据分析和验证性数据分析，如图 1-5 所示。其中，描述性数据分析是最基础的，如本月收入增加了多少、客户增加了多少、哪个单品销量好。探索性数据分析侧重于发现数据的规律和特征，用于探索数据内在结构和关系，以便进行更深入的分析。验证性数据分析则是在已经确定假设模型的基础上进行的分析，以验证模型是否正确。探索性数据分析、验证性数据分析比描述性数据分析更加复杂。

描述性数据分析以数据为出发点，通过综合概括与分析，得到数据的整体分布特征，如集中趋势和离散趋势等。虽然描述性统计分析看似简单，但它是最基础，也是最重要的数据分析方法之一。验证性数据分析侧重于针对已提出的假设命题进行真伪检验。探索性数据分析侧重于在数据中探索发现数据特征和规律，是对传统统计学假设检验手段的有益补充。

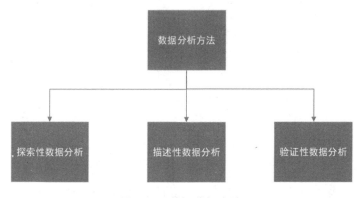

图 1-5　数据分析方法

数据分析方法从技术层面又可分为如下 3 种：① 统计分析类，以基础的统计分析为主，包括对比分析法、同比分析法、环比分析法、定比分析法、差异分析法、结构分析法、因素分析法、七问分析法等；② 高级分析类，以建模理论为主，包括回归分析法、聚类分析法、相关分析法、矩阵分析法、判别分析法、主成分分析法、因子分析法、对应分析法、时间序列分析法等；③ 数据挖掘类，以机器学习、数据仓库等复合技术为主。下面将重点介绍几个常用的数据分析方法。

1. 对比分析法

对比分析法是对客观事物进行比较，以达到认识事物的本质和规律的目的并做出正确的评价和决策。对比分析法通常将两个相互联系的指标数据进行比较，从数量上展示和说明研究对象规模的大小、水平的高低、速度的快慢及各种关系是否协调。

对比分析法一般来说有纵向对比、横向对比、标准对比、实际与计划对比。

某集团需要对两种支柱产品在 2021 年度各地区的产量进行对比分析，数据源如图 1-6 所示。

原始数据的横向对比分析结果如图 1-7 所示。

地区	产品A（万吨）	产品B（万吨）
华北	7.8	11
华东	5.9	11.5
华南	4.2	11.9
西南	4	3.2
西北	3.5	2.9

图 1-6　某集团支柱产品 2021 年度
各地区的产量对比

2. 同比分析法

同比分析法是按照时间即年度、季度、月份、日期等进行扩展的数据分析方法，用本期实际发生数与同期历史数据进行比较，产生动态的相对指标，以揭示发展水平及增长速度。

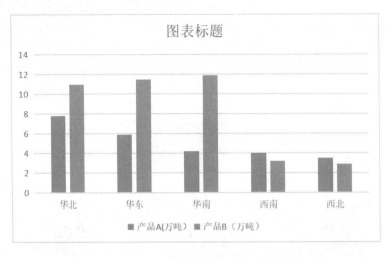

图 1-7　原始数据的横向对比分析结果

同比分析法主要是为了消除季节变动的影响，用以说明本期水平与往年同期水平对比而达到的相对值。

表 1-1 所示为某公司 2021 年和 2022 年上半年各月的销售额数据。

表 1-1　某公司 2021 年和 2022 年上半年各月的销售额数据（单位：万元）

月份	1 月	2 月	3 月	4 月	5 月	6 月
2021 年销售额	697.98	708.13	851.36	895.35	697.96	672.56
2022 年销售额	498.85	500.09	848.69	886.59	712.34	699.55

这种不同年份同一时段的数据比较适合做同比分析，销售额是公司对销售部门考核的主要指标，因此，对比不同年份各月的销售额、寻找差异，并及时采取措施非常重要。通过同比分析，如图 1-8 所示，2022 年 1—2 月同比销售额下滑较为严重。经销售部门反馈，2022 年 1—2 月由于受新冠疫情影响，绝大部分销售门店无法正常营业，造成销售额下滑，但新冠疫情结束后的 3—6 月，销售额与上年同期相比基本持平，所以属于正常现象。

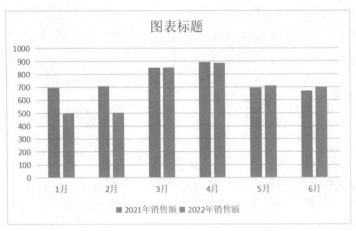

图 1-8　某公司 2021—2022 年上半年销售额同比对比

3. 七问分析法

七问分析法又称 5W2H 分析法，是第二次世界大战中美国陆军兵器修理部首创的一种简单、方便、易于理解、实用的问题分析方法，被广泛用于企业管理和技术活动，对决策和执行性的活动措施也非常有帮助，同时有助于弥补考虑问题的疏漏。七问分析法的构成如图 1-9 所示。

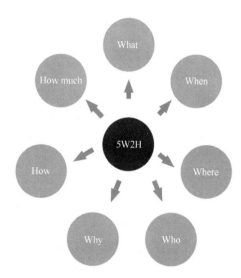

图 1-9　七问分析法的构成

5W 的内容如下：

① Why（为什么）——为什么要这么做？理由何在？原因是什么？

② What（是什么）——目的是什么？做什么工作？

③ Where（何处）——在哪里做？从哪里入手？

④ When（何时）——什么时间完成？什么时机最适宜？

⑤ Who（谁）——谁来承担？谁来完成？谁负责？

2H 的内容如下：

① How（怎么做）——如何提高效率？如何实施？方法怎么样？

② How much（多少）——做到什么程度？数量如何？质量水平如何？费用产出如何？

该方法适用于用户行为分析、产品的营销活动等。

某家公司上架了一款新的销售产品，请用 5W2H 分析法分析这款产品。

① What：这是什么产品？解决什么问题？

② When：用户何时会使用这款产品？

③ Where：用户在什么场景下使用这款产品？

④ Why：用户为什么选择这款产品？相比其他产品，这款产品的优势是什么？

⑤ Who：谁会使用这款产品？目标人群有哪些？

⑥ How：用户如何使用这款产品？

⑦ How much：价格，用户会为这款产品付多少钱？

案例 4：某家企业最近销量下滑，请用 5W2H 方法进行分析。

① What：发生了什么事导致销量下滑？

② Why：销量为什么会下滑？是产品问题？还是广告问题？

③ Who：需要哪些人解决这个问题？产品？市场？销售？

④ When：什么时间解决这个问题？本月？三个月内？

⑤ Where：哪些区域或者渠道的销量下滑？

⑥ How：怎么做可以解决这个问题？

⑦ How much：解决这个问题需要多少预算？

当然，这只是一个大概的分析框架，在实际问题中，还可以围绕具体问题和数据建立数据模型进行分析。

总结：5W2H 分析法是一个分析问题的框架，很多问题都可以从这 7 个方面进行思考，而且这些问题的顺序并没有严格的限制。这种分析方法有利于帮助我们抓住重点，厘清逻辑，易于理解和使用。

4. 漏斗分析法及其应用——AARRR 模型

业务设计都是有流程的，业务流程从起点到最后目标完成的每个环节都存在用户流失，因此，需要一种分析方法来衡量业务流程每一步的转化效率和用户流失情况，而漏斗分析法就是这样一种分析方法。

漏斗分析法是基于业务流程的一种数据分析模型，也就是说，一定存在业务的前因后果、前后关联关系，它能够科学反映用户行为状态及从起点到终点各阶段用户的转化情况，进而定位用户流失的环节和原因。该模型已广泛应用于网站用户行为分析和 App 用户行为分析，以及流量监控、产品目标转化等日常数据运营分析。

漏斗分析法最常用的是转化率和流失率两个互补型指标，流失率=1-转化率。用一个简单的例子来说明，如图 1-10 所示，假如有 100 人访问某电商网站，有 30 人点击注册，有 10 人注册成功。这个过程共 3 步，第 1 步到第 2 步的转化率为 30%，流失率为 70%，第 2 步到第 3 步的转化率为 33%，流失率为 67%。整个过程的转化率为 10%，流失率为 90%。该模型就是经典的漏斗分析模型，即 AARRR 模型。

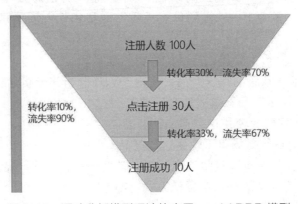

图 1-10　漏斗分析模型理论的应用——AARRR 模型

AARRR 模型（见图 1-11）是由 Dave McClure 在 2007 年提出的客户生命周期模型，其解释了实现用户增长的 5 个指标：Acquisition（用户获取）、Activation（用户激活）、Retention（用户留存）、Revenue（获得收益）、Referral（推荐传播）。作为一种科学有效的用户数量增长策略，AARRR 模型被广泛应用于 Facebook、快手、腾讯等互联网企业的用户增长过程中，实现了低成本爆发性的用户增长，为企业开辟了广阔的发展空间。

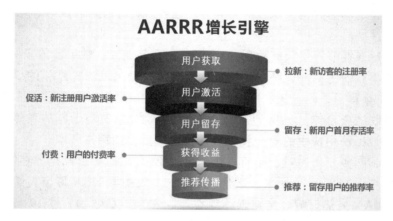

图 1-11　AARRR 模型

使用 AARRR 模型分析快手用户增长策略。

北京快手科技有限公司（以下简称快手）旗下有快手 App 短视频、直播、快手小店等业务，其核心业务如图 1-12 所示。快手的口号是"拥抱每一种生活"，表现了其对每种生活的尊重，对每个个体的理解。截至 2020 年上半年，快手的中国应用程序及小程序的平均日活跃用户数突破 3 亿个。此外，快手已于 2021 年 2 月 4 日进行 IPO，快手科技香港 IPO 定价为 115 港元/股，IPO 募资 413 亿港元。

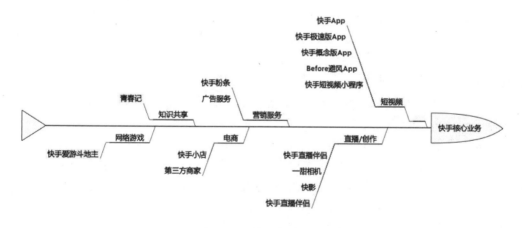

图 1-12　快手核心业务

AARRR 模型特别适合互联网企业的用户增长，而快手也采取了一系列实现用户增长的 AARRR 指标分析。

1）Acquisition（用户获取）

（1）联合优质平台扩大宣传受众。2019 年"十一"期间，快手和央视新闻联合进行"1+6"国庆阅兵多链路直播。快手官方数据显示，自 10 月 1 日早 7 点正式启用多链路直播间技术，至 12 点 50 分阅兵仪式直播结束，央视新闻联合快手"1+6"国庆阅兵多链路直播间总观看人数突破 5.13 亿人，最高同时在线人数突破 600 万人。同时，快手联合 QQ 音乐、酷狗音乐等平台，发布"音乐燎原计划"，整合亿万资源，帮助更多音乐人"出圈"。发布会现场为获得"快手好声音"新星榜、人气榜和歌王榜前三名的快手音乐人颁发了荣誉奖杯。

（2）充分挖掘春节流量获取新用户。2020 年春节期间，快手发放了 10 亿元现金红包。观众只需下载快手 App，在看春晚的同时等候主持人发出抢红包的口令，即可参与活动。在 2021 年春节之际，快手"梅开二度"，与山东卫视、安徽卫视、东南卫视等 10 家省级卫视春晚达成合作，开展"瓜分 21 亿现金"活动。在春节档的宣传让多数从未接触过快手的人迈出使用快手的第一步，成功实现大批量的用户获取。

（3）持续拓展多元化的短视频与直播内容供给。2022 年暑期档，在快手上线的 50 多部精品短剧中，22 部实现播放量破亿。9 月，由快手与 NBA 联合打造的"乡村篮球冠军杯""村 BA"火热打响，全网累计观看人数达 1.2 亿人。11 月 19 日，周杰伦在快手开启独家线上"哥友会"，最高同时在线人数突破 1 129 万人。

2）Activation（用户激活）

企业在获取新用户后，若不及时激活，将面临用户流失的风险。快手设置了新手引导，在用户第一次打开快手时会弹出"上拉""点赞"等指引手势，帮助用户快速掌握操作技能。不仅如此，快手的"Push 机制"也是激活用户的重要方法。快手会根据用户大致的地理位置推送本地区的短视频，以引导用户打开，完成第一次使用体验，实现激活。

3）Retention（用户留存）

快手会追踪与用户身份关联的数据，例如，用户 ID、设备 ID、使用数据、搜索历史记录、位置粗略和精确信息等用于第三方广告、营销、定制个性化产品，更好地贴合用户使用习惯。此外，快手也为每日登录并且完成"规定动作"（如刷满一定时间的短视频、发表评论、转发、收藏等）的用户发放一定数量的金币和"曝光券"。金币达到一定数量后可以兑换抵用券提现。"曝光券"是快手创作者用户的"至爱"。创作者使用曝光券能够大幅度提升其作品的曝光度，从而获取更多的观看量。

4）Revenue（获得收益）

据官方资讯，2022 年 11 月 22 日，快手发布 2022 年 Q3 财报。

2022 年第三季度，快手应用平均日活跃用户达 3.63 亿个，同比增长 13.4%，平均月活跃用户达 6.26 亿个，同比增长 9.3%，单季度增加 3 900 万个，创下 2022 年以来最大季度净增。2022 年第三季度，快手总收入达 231 亿元，同比增长 12.9%，国内业务连续两季度盈利，经营利润超 3.75 亿元，环比增长近 3 倍。2022 年第三季度，快手线上营销服务收入达 116 亿元，快手平台月活跃广告主数量同比增长超过 65%。快手电商交易总额达 2 225 亿元，同比增长 26.6%，新开店商家数量同比增长近 80%，快手品牌数量实现环比高双位数增长。

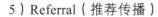

5）Referral（推荐传播）

快手短视频的"分享"功能为其开辟了用户传播的有力途径。例如，用户刷到一个有趣的短视频并且通过快手 App 内的分享功能分享给同事、朋友、亲戚甚至是群聊等，就实现了传统意义上的"口口相传"。"口口相传"是以用户的关系网、朋友圈为导向，基于私域流量的最为传统的用户推荐方式，同时，因为关系网而产生的群体间存在信任，也是最适合快手的传播方式。此外，快手抓住人们"薅羊毛"的心理，开创了独特的"红包推荐"机制，即当老用户通过独一无二的邀请码邀请新用户加入快手后，老用户和新用户都将同时获得一定数额的现金红包，这大大激活了用户的推荐能动性。

总之，数据是从业务中产生的，数据本身没有价值，只有利用一定的科技手段，从中挖掘出有效信息，才能体现出数据的重要价值。

1.1.4 数据分析的步骤

数据分析从发现问题到运用方法解决问题有一个完整清晰的过程，其基本流程如图 1-13 所示。其中，数据分析的重要环节是明确分析目的和思路，这也是做数据分析最有价值的部分。

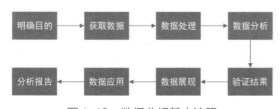

图 1-13 数据分析基本流程

1. 明确目的

在进行数据分析前，挖掘数据分析的需求、了解数据分析的目的、提供数据分析的方向是开展有效数据分析的首要条件。明确的数据分析目标可使分析结果更加科学、更具有说服力。常见的数据分析目标包括以下 3 种类型。

1）指标波动型数据分析

指标波动型数据分析主要是针对某个指标下降、上涨或者异常所做的分析，例如，日活跃用户数降低了、用户留存率降低了、电商平台订单数减少了、销售收入降低了。分析的主要目的是挖掘指标波动的原因，及时发现业务的问题。这里的关键是要量化指标下跌的原因，例如，总的指标下跌有多少是由 A 引起的，有多少是由 B 引起的。

2）评估决策型数据分析

评估决策型数据分析主要是针对某个活动上线、某个功能上线、某个策略上线的效果评估，以及对下一代迭代方向的建议。这些建议是指导产品经理或者全业务方决策的依据。因此，数据分析对应的结论产出不能局限于发现什么，而是要告诉业务方怎么做、方向是什么。

3）专题探索型数据分析

专题探索型数据分析主要针对业务发起的一些专题进行分析，例如，增长类的专题分析，怎么提高用户新增、活跃、留存、付费；体验类的专题分析，如何提高用户查找微信表情的效率；方向性的探索，微信引入视频号功能的用户需求分析及潜在机会的分析。

2. 获取数据

根据数据分析目标获取与项目相关的数据是数据分析的基础。数据获取，又称数据采集，是利用特定装置或接口，从系统外部或其他系统采集数据并输入系统内部的过程。常见的数据采集工具有摄像头、麦克风、温度/湿度传感器、GPS 接收器、射频识别等数据采集技术，广泛应用于各个领域。用户也可以编写专用数据输入软件，或者通过数据转换、导入工具从其他平台导入数据，如图 1-14 所示。

图 1-14　将外部数据导入 Excel

许多数据管理软件都提供了数据导入导出工具。数据收集主要有本地数据和外部数据两种形式。本地数据指存储在本地数据库中的数据，可以通过数据库导出为 Excel 或 TXT 等格式的文件；外部数据一般指互联网中的数据，常见的有网页表格数据、调查问卷、评论区留言和电商数据等，可通过相应的方法和技巧获取数据。

3. 数据处理

从大量的、杂乱无章的、难以理解的原始数据中抽取并推导出有价值、有意义的数据，需要先对这些原始数据进行处理。处理的数据既包括数值型数据，也包括非数值型数据。数据处理的过程包括对数据进行分类、组织、编码、存储、检索和维护。数据处理软件既包括各种专用数据处理软件，也包括管理数据的文件系统和数据库系统。其中，Excel 是专门进行表格绘制、数据处理、数据分析的数据处理专业软件，利用它可以完成表格输入、统计、分析等多项工作，以生成精美、直观的表格和图表。

4. 数据分析

数据分析即运用适当的分析工具和方法，对已处理的数据进行分析，提取有价值的信息，形成有效结论的过程。常用的数据分析方法有描述性统计分析、连续数据分组化、关联规则、交叉对比、回归分析、方差分析、因子分析及图表分析等。如果需要预测未来一段时间的数据情况，那么可以使用回归分析法；如果需要分析不同因素对某个结果的影响，那么可以使用方差分析、因子分析和关联规则等方法。Excel、Tableau 和 Power BI 等都是比较流行的数据分析软件。通过 Python、R 语言等编程语言进行数据建模及可视化将是数据分析的大趋势。一些企业也常选用专业对口的分析工具，根据需要进行数据分析。在数据分析过程中，选择适合的分析方法和工具很重要，分析方法应兼具准确性、可操作性、可理解性和可应用性。对于业务人员（如产品经理或运营）来说，数据分析最重要的是数据分析思维。

5. 验证结果

通过工具和方法分析出来的结果有时不一定准确，因此，必须进行验证。例如，一家淘宝电商销售业绩下滑，分析结果如下：① 价格平平，客户不喜欢；② 产品质量不佳，与同期竞争对手比没有优势。这只是现象，不是因素。具体为什么客户不喜欢，是宣传不到位不吸引眼球，还是产品质量不佳？这才是真正的分析结果。所以，只有将数据分析与业务思维相结合，才能找到真正有用的结果。

6. 数据展现

数据展现也称为数据可视化，就是用最简单的、易于理解的形式，将数据分析的结果呈现给决策者，帮助决策者理解数据所反映的规律和特性。

数据展现的常用形式有简单文本、表格、图表等。如果数据分析的最终结果只反映在一两项指标上，那么采用突出显示的数字和一些辅助性的简单文字来表达观点最合适。当需要展示更多数据时，例如，需要保留具体的数据资料、需要对不同的数值进行精确比较或需要展示的数据具有不同的计量单位时，使用表格更简单。如果要进行企业贷款数据的处理，涉及银行、法人、贷款等信息，那么可以用表格表示，如表 1-2 所示的法人表。

表 1-2　法人表

法人编号	法人名称	法人性质	注册资本（万元）	法人代表	出生日期	性别	是否党员
EGY001	服装公司一	国有企业	¥8,000.00	高××	1975 年 1 月 29 日	男	是
EGY002	电信公司一	国有企业	¥30,000.00	王×	1978 年 9 月 19 日	男	否
EGY003	石油公司二	国有企业	¥51,000.00	吴×	1971 年 6 月 11 日	男	是
EGY004	电信公司二	国有企业	¥50,000.00	刘×	1974 年 3 月 15 日	女	是
EGY005	图书公司三	国有企业	¥6,000.00	张××	1974 年 7 月 28 日	女	否
EGY006	运输公司二	国有企业	¥11,000.00	薛××	1969 年 4 月 27 日	男	是
EGY007	医药公司三	国有企业	¥50,000.00	梁××	1968 年 3 月 5 日	男	是
EGY008	电信公司三	国有企业	¥60,000.00	李××	1973 年 10 月 15 日	男	否

图表是对表格数据的一种图形化展现形式，通过图表与人的视觉形成交互，能够快速传达事物的关联、趋势、结构等抽象信息。图表是数据可视化的重要形式。

常用的图表有柱形图、条形图、折线图、散点图、饼图、雷达图、瀑布图、帕累托图等。图 1-15 所示为法人表中法人编号与注册资本柱形图。当然，也可以通过柱形图直观展示法人中男女性别的人数、党员和非党员的人数，或者通过报表的形式展示各银行季度或年度贷款总额，进而生成各银行贷款金额随时间变化的贷款总额折线图。

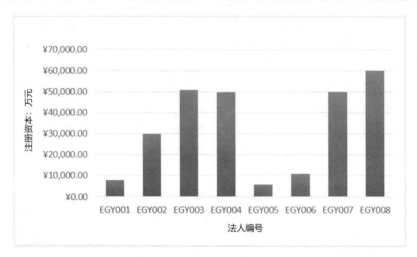

图 1-15　法人表中法人编号与注册资本柱形图

可以使用 Excel、Power BI、Python、Tableau 等工具进行可视化图表的制作。数据可视化既是一门技术，又是一门艺术，其基本思想是将庞大的数据构建为可视化对象，从多个维度观察数据的属性，深入分析数据表达的意义，从而更加高效、精准地传达信息。

7. 数据应用

随着计算机的日益普及，在计算机应用领域，数值计算所占比重很小，通过计算机数据处理进行信息管理已成为主要的应用，如统计管理、经济管理、测绘制图管理、仓库管理、财会管理、交通运输管理、技术情报管理、办公室自动化等。在统计学中，统计调查项目、指标、调查问卷等，也有大量社会经济数字（如人口、交通、工农业等）经常要求进行综合性数据处理。数据处理需要考虑事物之间的联系、建立多个表构成的工作簿、系统地整理和存储相关数据以减少冗余，以及充分利用软件技术进行数据管理和分析。

8. 分析报告

撰写数据分析报告是对整个数据分析过程的总结和呈现，是沟通交流的一种形式，将分析的原因、过程、结论、可行性建议及一系列有价值信息传递给受众，以供决策者参考。一份优秀的数据分析报告不仅有明确的结论、建议和解决方案，而且图文并茂、层次清晰，让读者一目了然。

1.2　数据可视化

近年来，政府、企业等各种组织中的信息系统数量不断增加，系统积累的数据量也与日俱增，包括数值型数据、文本数据和网络数据等多种形式，因此，需要使用数据可视化技术以结构清晰、视域分明的形式呈现，以便管理决策者能够缩放不同粒度的数据结构，并展示数据之间的复杂关系，帮助他们形成数据量化的洞察。

数据可视化是一种进行数据分析和展示数据特点的有效方法。由于人眼具有很强的模式识别能力，对符号的感知速度比对数字和文本识别快得多。视觉作为人类最主要的信息获取通道之一，涉及人脑功能超过 80%，包括可视信息的解读、高层次可视信息的获取及对可视符号含义的推测。数据可视化利用人眼视觉认知的特点，将复杂的数据规律转变为易于理解的视觉元素，并通过人机交互帮助人们快速发现大数据蕴藏的规律。

 1.2.1　数据可视化概述

1. 数据可视化基本原理和数据可视化的含义

1）数据可视化基本原理

在技术层面，数据可视化最简单的定义是数据空间到图形空间的映射。一个经典的可视化实现流程如下：首先对数据进行加工过滤，将其转换成视觉可表达的形式（Visual Form）；然后将其渲染成用户可见的视图（View）。数据可视化基本原理如图 1-16 所示。

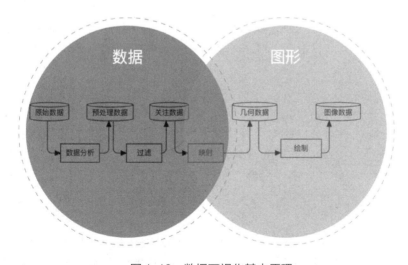

图 1-16　数据可视化基本原理

2）数据可视化的含义

"可视化"一词源自英语单词 Visualization，原意是指形象化显示或图示化。在数字技术中，可视化最初是指科学计算可视化，即应用计算机图形学的原理，将科学、工程等计算产生的大规模数据转换为图形或图像来直观显示，之后又衍生出数据可视化、信息可视化、知识可视化等概念。

数据可视化研究数据视觉表征形式，以一种概要形式抽取信息（包括信息的属性和变量等），给人以视觉冲击。视觉是人类最重要的信息获取通道之一，人类的大脑有一半以上的功能用于视觉感知，因此，当数据被图形取而代之展现在人的眼球下时，可以降低人类的脑部认知负荷，从而使人们快速地吸收和理解数据。数据可视化借助图形化手段融入美学来传递信息，其概念一直处于不断演变之中，边界也在不断扩大。目前，学界已存在多种数据可视化的定义。从广义的角度来讲，数据可视化包括比较成熟的科学可视化和较年轻的信息可视化及知识可视化。从狭义的角度来说，数据可视化是以图示或图形格式表示的数据。它让决策者可以以直观方式呈现分析结果，以便他们可以掌握困难的概念或识别新的模式。借助交互式可视化，用户可以深入挖掘图表和图形，以获取更多详细信息，并以交互方式更改所看到的数据及其处理方法，从而将概念向前推进一步。

2. 数据可视化技术的基本构成要素

（1）数据空间：由 n 维属性和 m 个元素组成的数据集所构成的多维信息空间。

（2）数据开发：指利用一定的算法和工具对数据进行定量的推演和计算。

（3）数据分析：指对多维数据进行切片、旋转等动作剖析数据，从而能从多角度、多侧面观察数据。

（4）数据可视化：指将大型集中的数据以图形图像形式表示，并利用数据分析和开发工具发现其中未知信息的处理过程。

3. 数据可视化应用工具

在大数据时代，一款好的工具能让我们事半功倍，快速掌握信息的关键点，帮助我们做出更好、更明智的决策。常言道："工欲善其事，必先利其器。"下面介绍几款常见的数据可视化工具。

1）Excel

Excel 是 Microsoft 为使用 Windows 和 Apple Macintosh 操作系统的计算机开发的一款电子表格软件。直观的界面、出色的计算功能和图表工具，再加上成功的市场营销，使 Excel 成为最流行的个人计算机数据处理软件之一。1993 年，Excel 作为 Microsoft Office 的组件发布了 5.0 版后，开始成为操作平台上的电子制表软件霸主。本书将以 Excel 2016 为例进行讲解。

2）Power BI

由 Excel 衍生而来的 Power BI 整合了 Excel Power Query、Power Pivot、Power View 和 Power Map 等一系列工具，堪称微软的第二个伟大发明。Power BI 采用了数据分析表

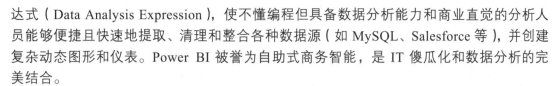

达式（Data Analysis Expression），使不懂编程但具备数据分析能力和商业直觉的分析人员能够便捷且快速地提取、清理和整合各种数据源（如 MySQL、Salesforce 等），并创建复杂动态图形和仪表。Power BI 被誉为自助式商务智能，是 IT 傻瓜化和数据分析的完美结合。

3）Tableau

Tableau 是一款完整的数据可视化软件，专注结构化数据的快速可视化，用户可以快速实现数据可视化并构建交互界面，只需将数据直接拖放到工具簿中，通过一些简单的设置就可以获得想要的可视化图形。Tableau 的核心是数据可视化技术，具有独创的 VizQL 数据库和用户体验友好且易用的表现形式，是一款人人都能学会的敏捷商务智能工具。

4）Pyhton

Python 是一款开源编程语言，它利用大量的函数库高效地实现各种应用功能。Python 语言的特点是简单、高级、面向对象、可扩展性强、开源免费、可移植性强、函数库丰富和可嵌入性强，因此，Python 在数据可视化应用中也有出色的表现。Python 提供了丰富的绘图功能，主要可以通过 Tkinter 模块、Turtle 模块和 Matplotlib 模块实现不同的数据可视化。

4. 我国数据可视化技术发展现状

自 2008 年以来，我国一些知名大学组建了自己的数据可视化的研究团队，科研界逐渐将数据可视化研究作为热门研究对象。国内举办的数据可视化的年会 China Vis 吸引了500 余名可视化研究学者参会。China Vis 可视化年会已成为世界第二大可视化年会。国内知名的科研团队主要分布在清华大学、香港科技大学、浙江大学和北京大学等，每年都会在国际顶级会议上发表相关论文。此外，这些团队在几个可视化研究的子方向上领先于国际学术潮流。

根据国际计算机学科学术科研影响力排行榜，近几年香港科技大学、浙江大学、清华大学和北京大学的数据可视化研究水平已经位列世界前 20 位。国内一些互联网公司，如阿里巴巴，早在 2011 年就成立了自己的数据可视化研究团队，以解决行业中的实际应用问题。可视化发展到今天，阿里集团、腾讯、华为、百度和 360 等都成立了自己的多支数据可视化研究团队。然而，目前我国数据可视化分析的研究与技术突破存在以下隐患：

（1）我国现有各类数据可视化产品的基本框架使用了大量的 React 开源产品框架。这类协议通常由美国公司掌控，一旦开源协议发生变化，将给国内很多数据可视化产品带来非常严重的后果。

（2）我国各类数据可视化框架大都非常依赖国外数据源。例如，我国大部分可视化公司使用的空间基础数据来自这些数据源，一旦国外终止了底层基础数据的共享，将给国内空间大数据可视化产品带来非常严重的后果。

（3）欧美国家已形成强大的技术屏障，我国很难在短时间内实现技术突破。美国和西欧国家经过数十年积累，已取得很多研究成果，形成了强大的技术屏障，由于受到技术封锁瓶颈的影响，我国在短期内难以在数据可视化技术研究上取得突破。

自 2005 年以来首次提出数据可视化分析概念以来，国际及国内学术界在研究数据可视化分析方面一直在发展，尚未达到顶点。正如前面所述，数据可视化研究主要集中于数据采集、数据处理与集成、数据分析和数据解释。从之前的自动化版本转变为交互过程，通过数据可视化界面反馈给用户，极大地促进了人工智能的双向交互与融合。

因此，可视化的基本工作模式是由用户掌控整个操作过程。这种模式存在一个非常大的弊端，即用户自身的综合素质和能力决定了数据可视化系统的效率。

5. 数据可视化技术的基本思想

数据可视化技术的基本思想是将数据库中的每个数据项表示为单个图元元素，大量的数据集构成数据图像，同时，将数据的各个属性值以多维数据形式表示，从不同维度观察数据，从而进行更深入的观察和分析。

数据可视化主要借助图形化手段，清晰有效地传达与沟通信息。然而，这并不意味着数据可视化一定因为要实现其功能用途而令人感到枯燥乏味，或者为了看上去绚丽多彩而过于复杂。为了有效地传达思想概念，美学形式与功能需要齐头并进，通过直观地传达关键方面与特征，实现对稀疏而又复杂的数据集的深入洞察。然而，设计人员往往并不能很好地把握设计与功能之间的平衡，导致华而不实的数据可视化形式，无法达到传达与沟通信息的主要目的。

数据可视化与信息图形、信息可视化、科学可视化及统计图形密切相关。目前，在研究、教学和开发领域，数据可视化是一个极为活跃而又关键的方面。数据可视化这一术语实现了成熟的科学可视化领域与较年轻的信息可视化领域的统一。

1.2.2 数据可视化的用途、优势及在各行业的应用

鉴于人脑处理信息的方式，使用图表或图形来可视化大量复杂数据比研读电子表格或报告更容易。数据可视化是一种快速、轻松地以通用方式传达概念的方法。

1. 数据可视化的用途

1）信息记录

将大量繁杂的信息记录下来，最有效的方法是采用信息成像或图形表示。

2）信息推理和分析

数据分析的任务通常包括定位、识别、区分、分类、聚类、分布、排列、比较、内外连接比较、关联和关系等。通过将信息以可视化方式呈现给用户，可引导用户从可视化结果中分析和推理有效信息，从而提高信息认知的效率。

3）信息传播与协同

俗话说，一图胜千言，人类从外界获取的信息，70%以上来自视觉感知。将复杂信息传播与发布给公众的最有效途径就是将数据进行可视化，以实现信息共享、信息协作、信息修正和信息过滤等目的。当大数据以直观的可视化的图形形式呈现在人们面前时，人们往往能够迅速洞悉数据背后隐藏的信息，并将其转化为知识。

2. 数据可视化的优势

从本质上讲，数据可视化的终极目标是洞悉数据中蕴含的现象和规律，包括发现、决策、解释、分析、探索和学习等多重含义。数据作为一种标准化的语言，通过可视化表达与传递，可帮助解决信息不对称的问题，从而辅助降低决策成本，提高决策效率。实际上，人脑对视觉信息的处理比书面信息容易得多。通过可视化图表总结复杂数据，可确保对变量关系的深入理解；数据可视化工具提供了实时动态信息，使利益相关者更容易对整个企业进行评估，从而根据市场变化更快地调整，以增强自身竞争优势。

企业管理者经常要面对许多规范化的业务报告文档，而这些报告通常被静态表格和各种图表类型夸大，以至于无法记住这些内容。数据可视化可以使一些简短的图形呈现复杂信息，有助于忙碌的企业管理者快速了解问题并制订决策计划。此外，数据可视化分析将各维的值分类、排序、组合和显示，呈现出的结果更为详细。这有助于更好地理解表示对象或事件的各个属性和变量。除却上述这些，精心设计的数据可视化图形还表现出强大的表现力，增强信息的影响力，从而吸引人们的阅读兴趣，这是传统电子表格难以实现的。

3. 数据可视化在各行业的应用

1）生命科学

生命科学作为人类自我认知的重要学科，对实现人类健康全面发展具有基本的需求，在化学、数学、物理学等交叉渗透影响下，其发生了极大的变化。在信息技术高速发展的时代，数据可视化在生命科学领域的应用日趋成熟，尤其在医学界已成为造福人类的重要手段。

目前，数据可视化在医学领域的应用中最常见的当属三维图像可视化，其本身属于生物医学图像处理领域，如 CT、PET 等，两者结合辅以可视化手段处理，可以帮助医生更精准地定位病变体属性，包括大小、形态及空间位置等，并分辨其与周围生物组织的关系，从而提升诊疗效果。

同时，数据可视化在生命科学领域的应用还可模拟器官形态和病变情况。对于重大医疗项目，通过手术前的多次实验论证，最终得到最佳解决方案，提升医疗服务水平并有效降低病人面临的风险。

除此之外，随着现代医疗卫生改革，信息化的嵌入使临床数据量明显增长，其中，很多有用信息以零散状态存储于异构临床信息系统中。数据可视化的应用有助于实现以患者为中心的数据组织模式转变，直观呈现给临床医师。这将推动医疗卫生质量的精细化管理，包括医疗保险管理、经济学实时监控和医疗数据挖掘等，符合国家战略部署要求。

2）地理气象

地理是一门关于生活在地球上的人与其他地理环境之间关系的综合性基础学科，其相关信息结合是多维度的，主要包括地理学和地图学两大主体，分别描述自然和文化现象的分布情况，具有时间性、空间性和属性三大要素。地图作为一种历史悠久的地理信息可视化符号模型，在简单线条勾勒下附上不同颜色色块进行区域划分，是最原始的可视化产物之一。

数据可视化的应用将地图打造成一个虚拟真实的世界，通过放大和缩小改变镜头焦距，实现了宏观和微观事物的辨别，带给用户身临其境般的沉浸感，进一步方便了现代化生活。同时，基于数据可视化处理的地理信息还可帮助人类进一步了解地球系统结构，如火山构造、运动情况、环境污染等，为实现可持续发展战略目标提供有力的支持。

数据可视化在气象信息处理方面的应用与上述原理类似，可模拟天气情况进行实验，从而更为精准地预测气象变化，提高人类生产生活安全性。在此基础上，以直观的方式对气象数据信息进行可视化表达，将复杂抽象的数据转化为可读、形象的图形动画，达到大众传播的目的。这有利于增强受众对气象信息和科普知识的理解，将服务属性提升到一个新的层次，满足受众对气象信息专业化、高效化的读取需求。

3）工业工程

从专业维度来看，当前工业工程领域的数据可视化应用已相当成熟，在输出技术服务便利的同时，也为普通人深入了解这个行业搭建了平台，推动着我国工业现代化发展。在市场经济环境下，人们的消费个性愈加显现，依托数据可视化在工业生产中的应用，实现了私有产品定制。作为一种全新的艺术表达范式，数据可视化为人们提供了更多创造美的机会，从而提升了现代企业核心竞争力。同时，图纸设计作为工业工程建设的基础，其中各类代码和数据交错，给非行业人士带来了极大的理解困难。针对机械零配件的制作，如轴承、螺栓、开关等，在图纸上的显示只是一些抽象符号，需要设计师与制作人员深度沟通，如表达不清或理解偏差，最终都可能导致零配件制作失败。数据可视化在工业工程领域的应用实现了"所见即所得"。通过建模渲染等技术，将抽象的符号转化为三维图形，辅助设计师表达，更精准地呈现零配件细节，大大降低了出错概率。

除此之外，对大型工程技术研究而言，需要在不同的工况下进行测试，耗费大量人力、物力、财力和时间，而基于数据可视化的模拟实验可将各类数据变化动态显示在屏幕上，为工程师计算提供诸多便利，从而寻求最佳问题解决方法。

4）教育教学

在人类发展工程中，教育教学始终被置于首位，强调人才的驱动力。在传统应试教育模式下，教师为中心，过度侧重于以图形图像的方式呈现教学内容、支持学生知识架构，忽视了数据信息本身的动态变化性、沟通力和说服力，容易给学生留下呆板的印象，难以激发学生的参与兴趣。

数据可视化在教育教学领域的应用，帮助学生更直观地了解知识本身，并借助形象化的图表、图像辅助理解。同时，课堂数据可视化构建了教学关联的课堂数据，通过即时反馈、全局展示、动态累积等多种方式表征课堂动态，发现问题，促进教学改进的良性循环。在此过程中，基于数据可视化表达，高度浓缩了学生动态关联数据信息，方便教师了解和分析学生的表现，并输出个性化引导服务，提高了课堂管理的公平性、全局性和有效性，并在一定程度上促进了师生交互，引导更深层次的教学设计优化。

除此之外，课堂数据可视化在强调学生教学主体之余，增进了课堂交互的自由度，为学生搭建了更私密的自我表达舞台，降低了课堂教学公开透明所造成的隐性心理压力，成为尊重和保护学生成长的有效途径。未来，数据可视化在教育教学领域的应用将释放出更大的可为空间，有利于促进师生双向素质发展。

1.2.3　数据可视化流程

数据可视化的本质是视觉编码，如图 1-17 所示，分为 2 个步骤：① 识别数据类型；② 进行可视化映射。这意味着根据不同的数据类型，将数据映射成恰当的视觉图元与视觉通道。

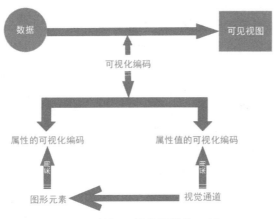

图 1-17　数据可视化视觉编码过程

1. 数据分类

在进行可视化前，通常需要将待可视化的数据进行分类，以便在后续阶段根据不同的数据类型进行相应的映射，从而确保映射的准确性。数据分类如下。

（1）类别型数据：用于区分物体，例如，根据性别可以将人分为男性与女性。

（2）有序型数据：用于表示对象间的顺序关系。例如，考试的第一名与第二名。

（3）区间型数据：用于表示对象间的定量比较。相对于有序型数据，区间型数据提供了详细的定量信息。

（4）比值型数据：用于比较数值间的比例关系。

上述将数据类型分为 4 类，但在数据可视化中，通常将数据进一步简化为 3 种类型：类别型数据、有序型数据和数值型数据。

2. 图形语法

图形语法最早源自 Jacques Bertin 的 *The Semiology of Graphics*，在工业上的应用归功于 Leland Wilkinson 编写的 *The Grammar of Graphics* 一书，这本书也为目前最流行的几个可视化框架（如 D3、ggplot 和 plotly.js）奠定了基础。

图形语法是通过图形元素（Geometry）、图形属性（视觉通道）和到数据字段的映射形成的。这种映射过程涉及两个不同的维度——图形元素和视觉通道，分别用于描述可视化数据的质和量的特征。

1）图形元素

如图 1-18 所示，语法中的图形元素一般为几何图形元素，如点、线、面等，主要用于刻画数据的性质，决定数据所属的类型。

图 1-18　图形元素

2）视觉通道

视觉通道是指图形属性的视觉属性，如位置、长度、面积、形状、方向、色调、亮度和饱和度等。视觉通道的存在进一步刻画了图形元素，使用同一个类型（性质）的不同数据有了不同的可视化效果，如图 1-19 所示。

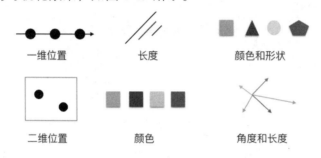

图 1-19　视觉通道

为了与数据字段进行对应，可以将图形属性（视觉通道）分为以下两类：

① 定性（分类）的图形属性，例如，形状、颜色的色调和空间位置等。

② 定量（连续、有序）的图形属性，例如，直线的长度、区域的面积、空间的体积、斜度、角度，以及颜色的饱和度和亮度等。

3. 数据到可视化的映射

数据到可视化的映射要求设计者使用正确的视觉通道来编码数据信息，也就是说，类别类型的视觉通道要应用在分类的数据属性上，而对于有序型数据，则要使用定量或者定序的视觉通道。不能交互使用不相对应的类别。

具体来说，可视化编码的过程就是可视化通道与数据字段之间建立对应关系的过程，可以分为以下 3 个阶段：

（1）一个视觉通道对应一个数据字段（1:1）。

（2）一个视觉通道对应多个数据字段（1:n）。

（3）多个视觉通道对应一个数据字段（n:1）。

经过以上步骤，就可以把数据映射成对应的图形属性了，从而完成一个可视化流程。

4. 数据可视化实施

在实施数据分析与可视化前，不仅需要掌握充足的数据，还需要了解目标、需求和受众。让组织为数据可视化技术做好准备，首先需要做到如下 3 点：

（1）了解要可视化的数据，包括其大小和基数（列中数据值的唯一性）。

（2）确定要可视化的内容及要传达的信息类型。

（3）确定用户并了解其如何处理显示的信息。

从用户角度出发，利用图表以最佳和最简单的形式传达信息。

在回答了拥有的数据类型和谁将是使用信息的受众等问题后，需要为自己将要处理的数据量做好准备。大数据给可视化带来了新的挑战，因为必须考虑数据具有庞大数量、不同种类和不同速度。此外，对数据进行管理和分析的速度通常赶不上数据生成的速度。

最重要的一点是选择一种表现形式，也就是确定哪种图表最合适。业务用户面临的最大挑战之一是确定应使用哪种图表能最好地表示信息。许多可视化制作工具能够分析使用智能自动图表绘制功能，根据所选数据创建最佳图表。将在后续章节针对具体案例进行详细讲解。

5. 做好数据可视化的要点

做好数据可视化的要点包括逻辑清晰、表达精准和设计简洁。

（1）逻辑清晰：数据可视化一定要确认好内容主线，做到逻辑严密、结构清晰。

（2）表达精准：数据准确、选择正确的图表，表达合适的信息，避免产生歧义。

（3）设计简洁：数据可视化的重点不是好看，而是突出重点并保持简洁美观。注意图表各元素，布局、坐标、单位、图例、交互的适中展示，避免过度设计。

1.3　综合实验

实验 1

1. 实验目的

了解对比分析方法及对比分析适用的场景。

2. 实验内容

对销售部员工的业绩进行排名，然后根据排名制定奖励政策，不仅可提升员工的积极性，而且对提高公司效益有很大的意义。表 1-3 所示为员工销售额数据表。

表 1-3　员工销售额数据表

员工姓名	吴欣悦	贺兰	魏志柔	玉清	范丽红	王晓云
销售额（万元）	406.99	575.48	715	825.18	969.12	1036.24

3. 实验步骤

（1）与排名相关的分析适合做对比分析。在选择做排名分析的图表类型时，如果不

考虑其他因素，选择柱形图或条形图都可以，并且在创建图表前，可以对数据进行升序排序，这样在分析时可以一眼看出排名情况。

（2）目标：① 用图表展示各员工销售额数据的对比情况；② 让人能快速了解哪些员工的销售额较高、哪些员工的销售额较低；③ 让人能够一眼看出排名第一的员工销售额的具体数值。

4. 操作要点

（1）将表 1-3 中的数据录入 Excel，并按销售额数据进行升序排序。

（2）选中数据区域，执行【插入】→【图表】→【二维条形图】命令。

（3）完成图表其他格式的设置，最终结果如图 1-20 所示。

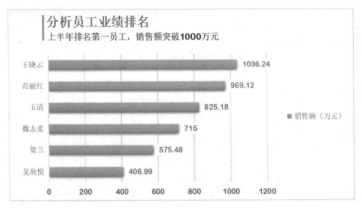

图 1-20　员工销售业绩排名

实验 2

某公司 1—6 月销售额如表 1-4 所示。

表 1-4　某公司 1—6 月销售额

月份	1月	2月	3月	4月	5月	6月
销售额（万元）	586.39	608.15	751.29	789.16	598.36	576.28

1. 实验目的

使用表 1-4 中的数据完成如下工作：① 用图表展示 6 个月的销售额数据的对比情况；② 让人一目了然地看出各月销售额数据的大小；③ 让人能够快速了解哪些月份的销售额较高、哪些月份的销售额较低。

2. 实验内容

销售额是公司对销售部门考核的主要指标，对比各月的销售额，寻找异常，并及时采取措施。

3. 实验步骤

学生自主练习完成。

4. 操作要点

学生自主练习完成。

1.4 思考与练习

一、填空题

1. DIKW 知识体系的 4 个层次分别指(　　　　)、(　　　　)、(　　　　)、(　　　　)。
2. 数据分析方法一般分为 (　　　　)、(　　　　)、(　　　　)。

二、选择题

1. 下列应用软件中，属于数据可视化工具的有 (　　　　)。
A. Word　　　　　B. PowerPoint　　　　C. Excel　　　　　D. Power BI
2. 对需要排序比较的数据，适合使用 (　　　　) 数据分析方法。
A. 对比分析　　　　B. 趋势分析　　　　C. 模型分析　　　　D. 回归分析
3. 数据可视化基本功能包括 (　　　　)。
A. 信息记录　　　　B. 信息推理和分析　　C. 信息传播与协同　　D. 屏蔽文字信息

三、简答题

1. 什么是数据分析？常见的数据分析方法有哪些？
2. 什么是数据可视化？常见的数据可视化工具有哪些？
3. 数据可视化的作用有哪些？

四、网上练习或课外阅读

背景资料：拼多多是中国移动互联网的主流电子商务应用产品，专注于 C2M 拼团购物的第三方社交电商平台。用户可以通过与朋友、家人、邻居等拼团，以更低的价格购买优质商品。

拼多多公司成立于 2015 年 9 月，旨在凝聚更多人的力量，用更低的价格买到更好的东西，体会更多的实惠和乐趣。通过沟通分享形成的社交理念，形成了拼多多独特的新社交电商思维。

截至 2021 年 6 月 30 日，拼多多二季度营收为 230.5 亿元，同比增长 89%。此前，华尔街分析师预测拼多多二季度营收为 267.4 亿元，同比增长约 117%。

2022 年 5 月，拼多多提交给美国证券交易委员会（SEC）的 FORM 20-F 年报显示，2021 年拼多多总营收为 939.499 亿元（约合 147.428 亿美元），较 2020 年增长 58%。

2022 年 5 月 27 日，拼多多发布 2022 年第一季度未经审计的业绩报告，报告显示，第一季度拼多多营收为 237.937 亿元，同比增长 7%。归属于普通股股东的净利润为 25.995 亿元，上年同期净亏损 29.054 亿元。平均月活跃用户数为 7.513 亿个，同比增长 4%。

读者可以使用 AARRR 模型分析拼多多的营销模式，分析并指出拼多多的 Acquisition（用户获取）、Activation（用户激活）、Retention（用户留存）、Revenue（获得收益）、Referral（推荐传播）方面的做法。

第 2 章
Excel 数据可视化基础

➥ **本章导读**

数据可视化是数据分析的延伸，更是对数据分析进行的完善和补全。数据可视化不仅弥补了传统数据分析的缺点，还有了进一步的发展，为数据添加了交流、互动等特征。① 数据可视化让数据更容易被消化。相比纯粹的数据，人类更善于处理图像信息，更容易厘清数据之间的关系。② 数据可视化让数据"动"起来。数据可视化可以通过折线图、柱形图等展现动态趋势的变化，让信息展现更加直观。③ 数据可视化让数据可以监测。分析人员可以通过数据可视化监测数据在某段时间内的变化，对其进行预测、复盘等业务分析。④ 数据可视化让数据展现深层信息。分析人员可以通过丰富的图表类型和联动、挖掘等复杂功能，在数据分析的基础上进行深入分析。通过本章的学习，读者对数字罗列所组成的数据中所包含的意义进行分析，掌握转换成可视化的方法，理解其数据可视化的本质就是视觉对话。数据可视化将技术与艺术完美结合，借助图形化的手段，清晰有效地传达与沟通信息。

本章学习导图

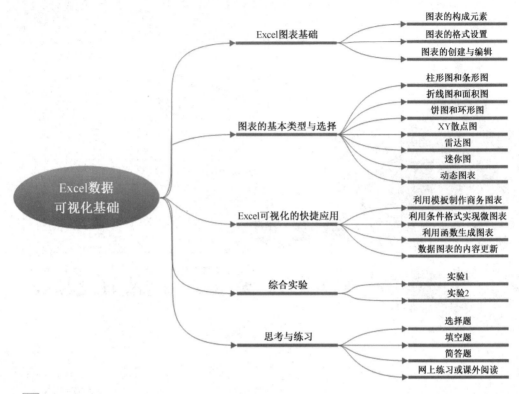

职业素养目标

数据可视化在近几年发展快速且应用广泛。其具有以下优点：① 提供干净易于理解的数据信息；② 以可视化形式辅助大脑快速处理信息；③ 对演示效果有增强的作用；④ 有助于指出问题和趋势；⑤ 可以进一步帮助并继续研究；⑥ 减少错误余量；⑦ 帮助公司以数据驱动来管理；⑧ 可以共享数据；⑨ 帮助快速解决问题等。通过了解数据可视化的作用，掌握数据可视化已成为人们学习和工作的必备技能之一，从而增加课程的代入感，培养学生正确的课程学习态度，具有科学精神的品质。

2.1 Excel 图表基础

Excel 图表是先做表，后出图，图是根据表中数据绘制的图形，是数据的可视化形式，Excel 可以直接绘制二维图表，也可以通过插件实现动态图表的制作和三维图表的绘制。

2.1.1 图表的构成元素

Excel 拥有丰富的图表功能，可以通过直观、个性化的方式从不同用途展示数据源的特点，提供给用户所见即所得的感受。Excel 中常用的图表类型有柱形图、折线图、饼图、散点图等，不同类型的图表组成元素不尽相同，但都包含图表区和绘图区等基本元素。本节以"某企业两种产品区域销售对比图"为例制作"柱形图"，展示图表的基本元素，如图 2-1 所示。

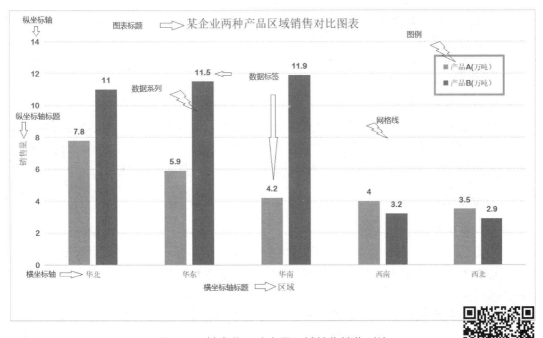

图 2-1　某企业两种产品区域销售销售对比

1. 图表标题

图表标题默认名称为"图表标题"，可以修改为反映图表主题的文本。本例中可将图表标题修改为"某企业两种产品区域销售对比图"。

2. 图例

图例是对数据系列所用图形的一种标识。一个数据源对应一个图例，说明该数据系列在图中对应哪种图形。图 2-1 中用蓝色和橙色分别表示"产品 A 销售量（万吨）"和"产品 B 销售量（万吨）"。

3. 数据系列

数据系列由若干数据点组成，该数据点可以是连续或不连续的多行和多列，每个数据点对应工作表中某个单元格内的数据。数据系列对应工作表中一行或一列的数据。数据系列在图表区中表现为彩色的点、线、面等图形。数据系列是最核心和最重要的图表元素之一。图 2-1 中选择数据源为"销售区域""产品 A 销售量（万吨）"和"产品 B 销售量（万吨）"。绘制"柱形图"，数据系列为"产品 A 销售量（万吨）"和"产品 B 销售量（万吨）"。

4. 数据标签

数据标签是对图表数据的数字标识，用户可自行选定是否显示数据标签。

5. 网格线

网格线是指图表区的背景线，默认为横线，与 x 坐标轴平行。图 2-1 中坐标轴原点在左下角，称为主轴。

6. 坐标轴

坐标轴包括横坐标轴和纵坐标轴，与笛卡儿坐标系中坐标轴的意义相同，默认以左下角为坐标原点，用具体数值来标记刻度，度量数据源中数据在图形中的位置和形状大小。坐标轴也称分类轴。坐标轴按引用数据类型的不同，可以分为数据轴、分类轴、时间轴和序列轴 4 种。图 2-1 中增加了坐标轴标题为"区域"和"销售量"。

7. 坐标轴标记

坐标轴标记是指 x、y 轴的刻度线标识，又称为分类轴标记。x 分类轴标记常来源于数据。在图 2-1 中，x 坐标为各销售区域的排列；y 分类轴标记以数据源中数值范围为依据，对应刻度大小和图表类型自动生成标记。图 2-1 中柱形图的 y 轴以 2 为步长，取值范围为 $0 \sim 16$。

绘图区还包含其他隐藏的图表元素，需要在图表绘制过程中手动添加。图表元素都是独立的对象，在图表制作过程中可根据绘图需要进行自由移动、修改、显示、隐藏或格式化等操作，以达到图表美观的效果。

2.1.2 图表的格式设置

在图表中除上一节介绍的基本元素，还可以通过增减图表元素、修改颜色及选择图表模板来编辑图表样式。

1. 编辑图表元素

选定图 2-2 中的柱形图并拖动鼠标，单击出现的 ✚ 按钮，可进行图表元素编辑，在弹出的快捷菜单项中可进行图表元素增删。在图表元素设置中，可以修改每个图表元素的设置，例如，在【设置坐标轴格式】→【坐标轴选项】中可以设置主要坐标轴，效果如图 2-2 所示。选择【坐标轴】→【更多选项…】命令，可出现图 2-3 所示的【设置坐标轴格式】界面，其包含"坐标轴类型""纵坐标轴交叉""坐标轴位置""刻度线"等设置。另外，单击图 2-2 中的柱形图，再单击 ✐ 按钮，可选择 Excel 中的图表样式，如图 2-4 所示。

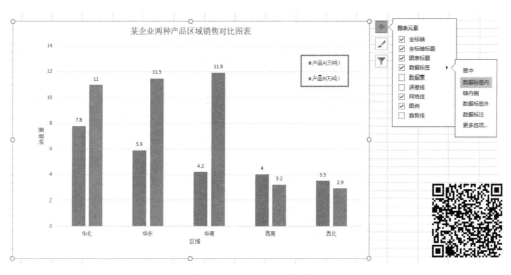

图 2-2　图表元素调整

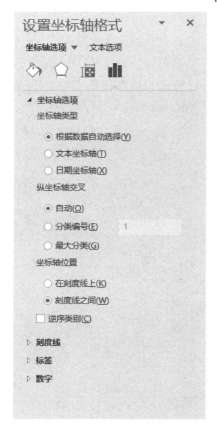

图 2-3　坐标轴格式设置

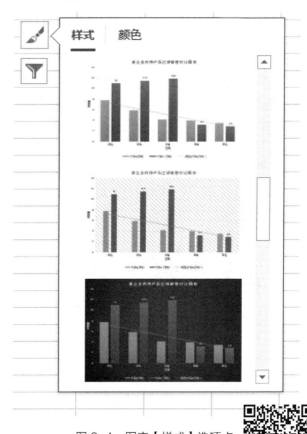

图 2-4　图表【样式】选项卡

2. 编辑图表样式及颜色

在图 2-4 的基础上，选择【颜色】选项卡，可进行图表颜色的编辑，如图 2-5 所示。

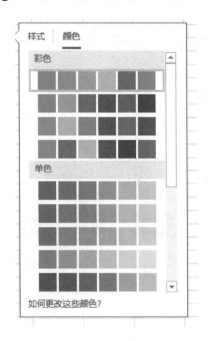

图 2-5 【颜色】选项卡

也可以在图 2-2 中的图表柱形图元素上单击鼠标右键,在弹出的快捷菜单中执行【设置数据系列格式】命令,弹出【设置数据系列格式】对话框,如图 2-6 所示。

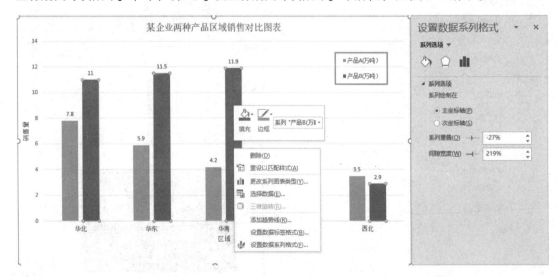

图 2-6 【设置数据系列格式】对话框

在图 2-2 中增加"图表标题""数据表""数据标签""图例",设置图表标题颜色为渐进色,效果如图 2-7 所示。

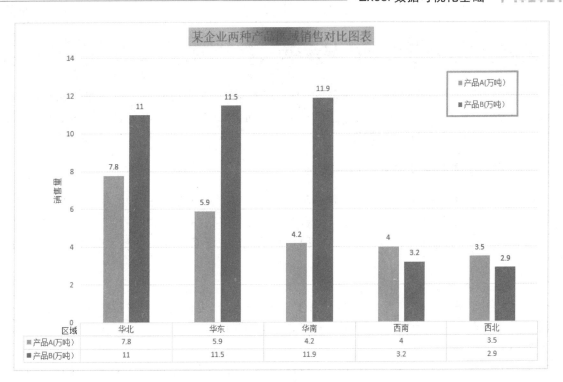

图 2-7　销售数据柱形图

与上面的例子类似，在其他图表元素上单击鼠标右键，可以设置其他元素的格式，如图 2-8 所示，分别设置坐标轴格式、图例格式和绘图区格式，以获得更为个性化的图表效果。

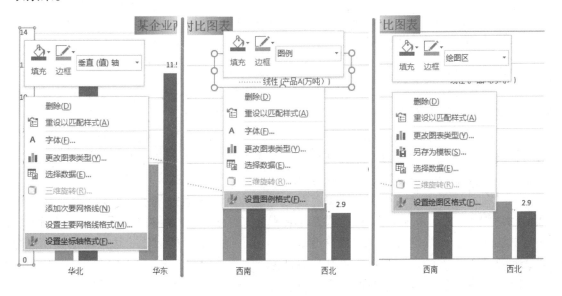

图 2-8　设置其他元素的格式

📺 2.1.3　图表的创建与编辑

在 Excel 中可以创建嵌入式图表和工作图表。嵌入式图表是与工作表数据在一起或与其他嵌入式图表在一起的图表；工作图表是特定的工作表，只包含单独的图表。下面先介绍嵌入式图表的创建和编辑。

1. 利用图表向导创建嵌入式图表

图表可以用来表现数据间的某种相对关系，在常规状态下，一般使用柱形图比较数据间的数量关系；用折线图反映数据间的趋势关系；用饼图描述数据间的比例分配关系。运用 Excel 的图表制作向导可以生成多种类型的图表，下面以组合图表和基本图表为例，介绍其制作方法。

1）组合图表

组合图表是 Excel 中两种图表的组合，常见的组合包括柱形图＋折线图、折线图＋面积图、柱形图＋散点图、条形图＋散点图等。下面以柱形图＋折线图为例说明组合图表的创建过程。

（1）执行【开始】→【程序】→【Microsoft Excel】命令，进入 Excel 工作界面，在新创建的工作簿中建立表 2-1 所示的表格，并选择要生成图表的"部门""实际完成（万元）""达成率"3 个数据区域。

表 2-1　某企业各部门预算执行情况

部门	企划部	行政部	人力资源部	营销部	采购管理部
实际完成（万元）	45 670	49 896	39 663	66 524	86 456
全年预算（万元）	50 000	45 000	40 000	65 000	90 000
达成率	91%	111%	99%	102%	96%

（2）在菜单栏中单击【插入】→【图表】→【推荐的图表】按钮 ▥，弹出【插入图表】对话框，在【所有图表】选项卡中选择【组合图】图表类型。

（3）在【系列名称】选项组中设置【实际完成（万元）】为"簇状柱形图"，【达成率】为"折线图"，如图 2-9 所示，勾选【达成率】右侧的【次坐标轴】复选框，以区分"实际完成（万元）"和"达成率"之间的数量差。

为什么将达成率设置在次坐标轴上？这是因为预算实际完成金额很大，而达成率的数值相对很小（只有 1 左右），并且两者的数值含义完全不同，如果放在同一个坐标轴上，不仅失去了组合图表的意义，而且达成率根本显示不出来，所以，将达成率放在次坐标轴上单独进行设置，以凸显数据可视化的效果。

（4）如果对以上各步骤的操作不满意，可单击【上一步】按钮，返回重新选择。

完成第（4）步骤操作后，单击【确定】按钮，可形成图 2-10 所示的组合图。

2）基本图表

Excel 中有丰富的数据图表类型，常见的有柱形图、饼图、折线图等，其制作步骤和

参数设置方法基本一致，并且图表类型之间也可以相互转换，这里以饼图为例，详细讲解一下数据图表的创建过程，后面其他图表类型不再详细讲述操作步骤。

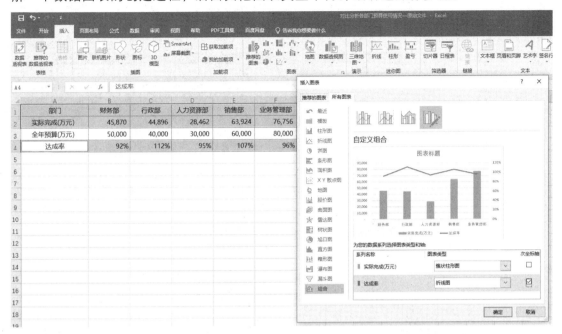

图 2-9 "实际完成（万元）"和"达成率"组合图设置

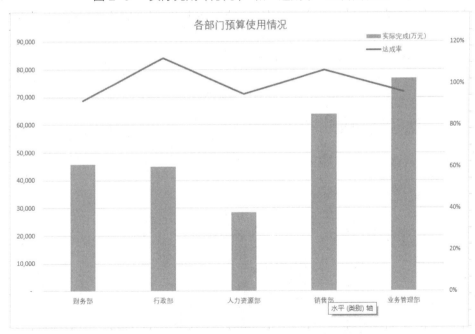

图 2-10 "实际完成（万元）"和"达成率"组合图

饼图主要用于反映数据间的比例分配情况，其与柱形图的生成步骤类似，操作步骤如下：

（1）执行【开始】→【程序】→【Microsoft Excel】命令，进入 Excel 工作界面，打

开刚才创建的表格，并选择要生成图表的数据区域 A 列和 D 列。

（2）单击【插入】→【图表】→【推荐的图表】按钮 。

（3）在弹出的对话框中选择【推荐的图表】选项卡下的"饼图"，单击【确定】按钮，结果如图 2-11 所示。

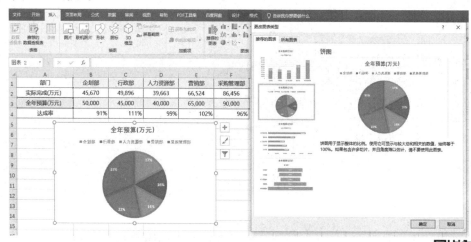

图 2-11 "全年预算（万元）"饼图

2. 利用快捷键创建图表

在 Excel 中创建图表时，可以按【F11】键创建工作表图表，按【Alt+F1】组合键创建嵌入式图表，具体操作步骤如下：

（1）打开"产品区域销售对比"工作簿中的销售数据表，选择单元格区域 A 列和 B 列。

（2）按【F11】键即可插入一个名为 Chart1 的工作表，并根据所选区域数据创建图表，形成单独的工作表，如图 2-12 所示。

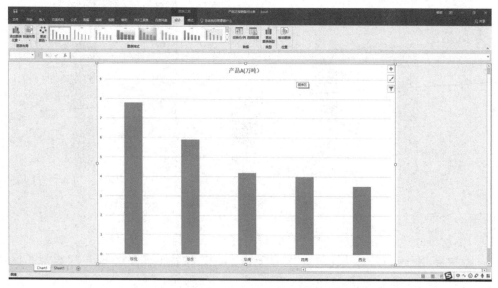

图 2-12 使用【F11】键创建工作表柱形图

（3）选中需要创建图表的单元格区域，按【Alt+F1】组合键可以在当前工作表中快速插入嵌入式柱形图，如图 2-13 所示。

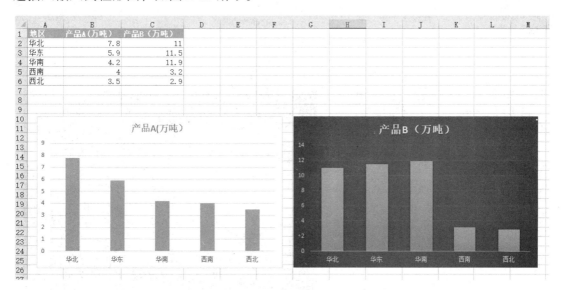

图 2-13　使用【Alt+F1】组合键创建柱形图

3. 选取不连续区域制作图表

在 Excel 中可以选择不连续区域制作图表，如饼图，可以显示一个数据系列中各项大小与各项总和的比例。本节使用饼图来显示"产品区域销售对比"工作簿中各区域销售占总体销售的比例，具体操作步骤如下：

（1）打开"产品区域销售对比"工作簿中的销售数据表，按住【Ctrl】键，选择单元格区域 A 列和 C 列的部分行。

（2）单击【插入】→【图表】→【插入饼图或环形图】按钮，在弹出的下拉菜单项中选择一种饼图。

（3）选择【三维饼图】图表类型，即可在当前图表中创建一个三维饼图，如图 2-14 所示。

4. 数据图表的编辑

1）编辑图表标题

图表标题位于整个图表区的最上方，它描述了整个图表的主题，能够让读者快速看到图表传达的信息。

在创建图表后，会添加一个默认图表标题，在图表标题上双击即可进入编辑状态。选中标题后将鼠标指针移动到标题的边框上，当鼠标指针变成十字箭头形状时，按住鼠标左键拖曳，即可移动其位置。常见的图表标题位置有两种：一种位于图表区顶端中心处，另一种位于图表区的左上角。有时为了更详细地描述图表信息，还可以给图表添加副标题，如图 2-15 所示，注意副标题的字号要小一些。

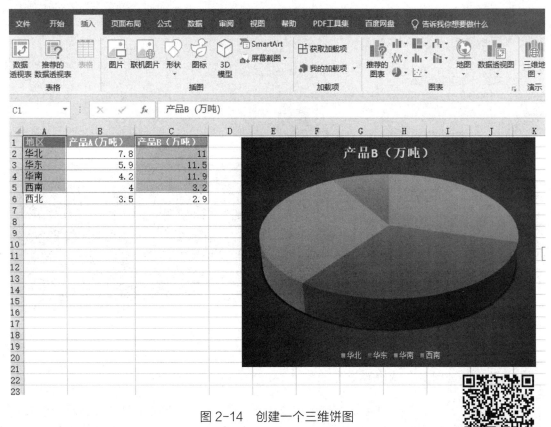

图 2-14　创建一个三维饼图

图 2-15　图表标题不同位置的对比

2）调整图例的位置和大小

图例通过颜色或符号等要素来标识图表中的每个数据系列，从而帮助用户快速了解图表内容。

图例的内容不能编辑，但是可以选择是否显示或改变其位置和大小。在创建图表后，当数据系列超过两个时，会默认添加图例，图例位于图表的底部。将鼠标指针移动到图例的边框上，当鼠标指针变成十字箭头形状时，按住鼠标左键拖曳，即可移动其位置。选中图例后，在其四周会出现 8 个小圆圈，将鼠标指针移动到小圆圈上，当鼠标指针变

成双向箭头时，按住鼠标左键拖曳，即可改变其大小。

既然图例是协助用户快速区别数据系列代表，那么在布局图表元素时，充分考虑图例的位置和顺序就十分重要了。

（1）默认的图例位于下方，多数情况下，会将图例移至绘图区上方。因为用户的阅读习惯通常是由上而下的，所以，应该先通过图例了解数据名称后，再阅读绘图区的内容，如图 2-16 所示。

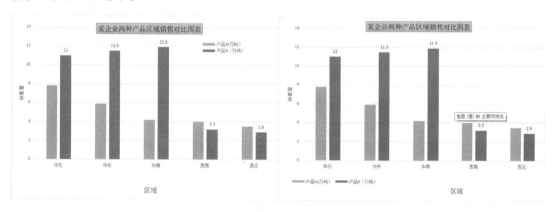

图 2-16 图例位于绘图区上方和下方对比

（2）在折线图中，将图例放在折线的尾部，既利于对照，也利于理解数据图表，如图 2-17 所示。

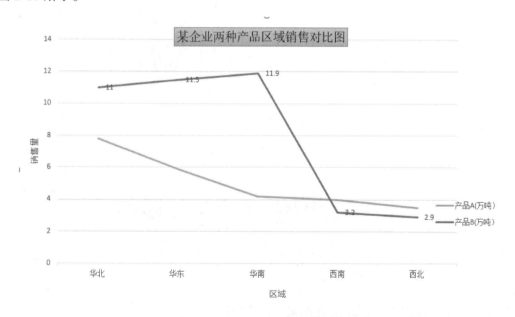

图 2-17 折线图图例宜放置在折线尾部

（3）饼图通常不需要图例。由于每个扇区有不同的名称，来回移动目光对照图例非常麻烦，如果在数据标签中直接添加类别名称，就不需要图例了，如图 2-18 所示。

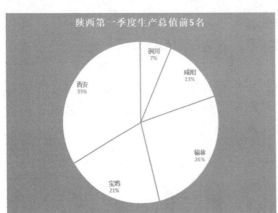

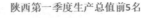

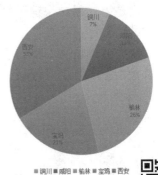

图 2-18　饼图不需要单独设置图例

2）数据图表类别转换

Excel 中的各种数据图表类型之间可以相互转换，例如，可以转换条形图为柱形图或折线图。

在做好的图表上单击鼠标右键，在弹出的快捷菜单中执行【更改图表类型】命令，在弹出的对话框中选择目标图表类型，即可完成转换，原图表所做的设置（图表标题、数据标签等）也会一并迁移到新图表中。如图 2-19 所示，其将柱形图转换成条形图。

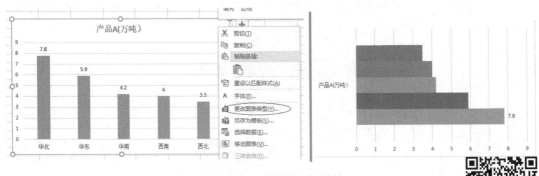

图 2-19　图表类型的转换

2.2　图表的基本类型与选择

图表类型的选择对数据展示效果非常重要，如果选错了图表类型，即便图表制作得再精美，也达不到理想的效果。

▶ 2.2.1　柱形图和条形图

1. 柱形图

柱形图是 Excel 的默认图表类型，也是最常使用的图表类型之一。柱形图通常用于

反映不同项目之间的分类对比，此外，也可以用于反映数据在时间上的趋势。柱形图有多个子类，包括簇状柱形图、堆积柱形图、百分比堆积柱形图等。图 2-20 所示的簇状柱形图展示了某企业两种产品区域销售数据对比。图 2-21 所示的三维簇状柱形图展示了某企业产品 A 上半年销售额增长情况。

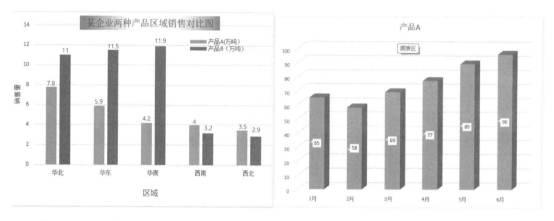

图 2-20　两种产品区域销售数据对比　　　图 2-21　产品 A 上半年销售额增长情况

堆积柱形图在图形上将同一分类的柱形垂直叠放显示，可以反映多个数据组在总体中所占的大小，并且突出强调了总体数值的大小情况。

图 2-22 所示的百分比堆积柱形图，从两个维度展示了某企业 5 个地区两种产品的销售情况，左图柱体中每部分代表每个产品的销售额在该区域总销售额中的占比，右图柱体中的每部分代表每个区域的销售额在该产品总销售额中的占比。

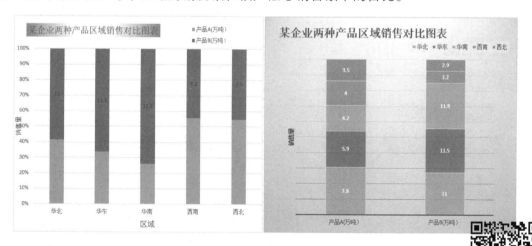

图 2-22　产品销售百分比堆积柱形图

除了百分比堆积柱形图，常用的还有图 2-23 所示的数量堆积柱形图。左图柱体的总高度代表了 5 个销售区域的总销量，右图的柱体总高度代表各产品的总销量。

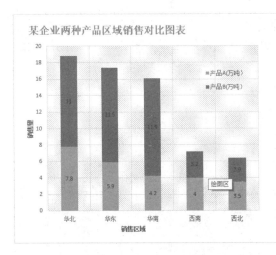 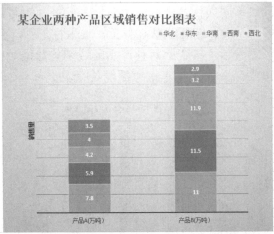

图 2-23　产品销售数量堆积柱形图

2. 条形图

条形图类似于水平的柱形图，使用水平的横条表示数据值的大小，通常用于反映不同项目之间的对比。与柱形图相比，条形图更适合展现排名。图 2-24 所示的条形图，左图展示了某企业不同销售区域之间的销售数据对比，右图展示了不同产品之间的销售数据对比。

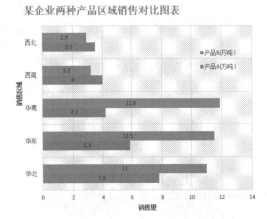 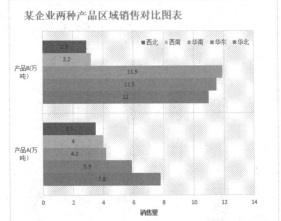

图 2-24　产品销售数据条形图

条形图和柱形图一样，也有数量堆积条形图和百分比堆积条形图，如图 2-25 所示。另外，由于条形图的分类标签是纵向排列的，所以，可以容纳更多的标签文字，如果标签文字过多，相比柱形图，使用条形图或许更加适合。

在对比分析中，常用的图表类型为柱形图和条形图，以及这些图表的变形和组合。选择图表的类型时应考虑应用场景和数据信息，以及对比目标。

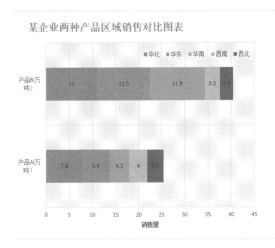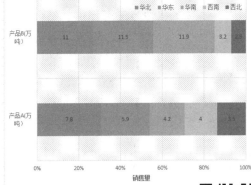

图 2-25　产品销售数量堆积条形图

 ## 2.2.2　折线图和面积图

1. 折线图

折线图是一种用直线段将各数据点连接起来而组成的图表，以折线的方式显示数据变化的趋势。折线图可以清晰地反映出数据是递增还是递减、增减的速率、规律、峰值等特征，因此，折线图通常用于反映数据随时间的变化趋势。在折线图中，类别数据沿水平轴均匀分布，而所有数据沿垂直轴均匀分布。折线图包括普通折线图、堆积折线图、百分比堆积折线图、带数据标记的堆积折线图、带数据标记的百分比堆积折线图和三维折线图。

图 2-26 所示的折线图展示了某城市在 2011—2020 年的房地产价格变动趋势。与同样可以反映时间趋势的柱形图相比，折线图更加突出数据起伏的波动趋势，也更适合数据点较多的情况。

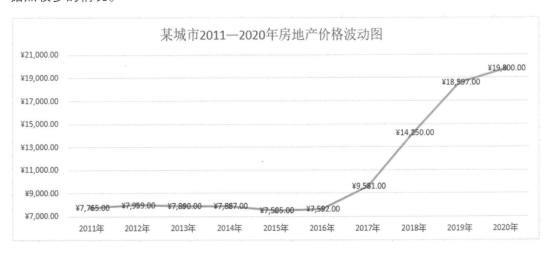

图 2-26　某城市房地产价格折线图

用户可以看到，该城市 2017—2019 年是房价飞速上涨的时期。数据可视化就是要展现数据分析的成果，那么我们怎么在折线图表中提示并明确用图形告诉用户我们分析的成果呢？有以下几种方法来强调折线图中某个特殊阶段。

1）制作用不同线型表示特殊阶段的折线图

（1）在图 2-27 中依次选中 2017、2018、2019 三个数据点，单击鼠标右键，在弹出的快捷菜单中选择【设置数据点格式...】命令，如图 2-27 所示。

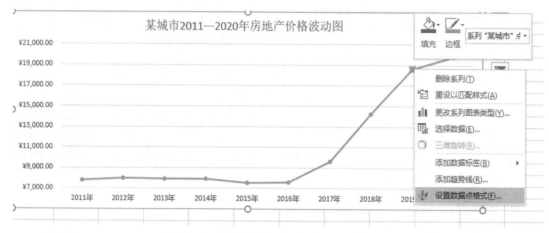

图 2-27　执行【设置数据点格式...】命令

（2）在弹出的【设置数据点格式】对话框中依次设置各年份的折线【线条】→【颜色】【短划线类型】【结尾箭头类型】，如图 2-28 所示。最终效果如图 2-29 所示。

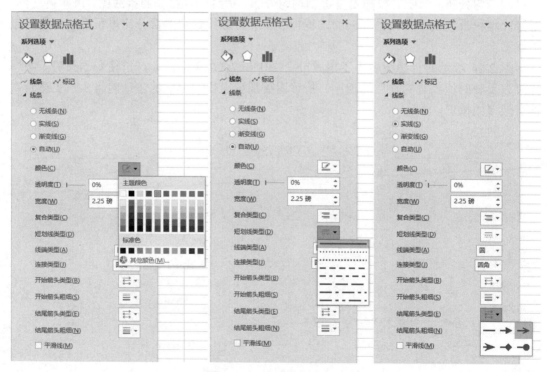

图 2-28　设置数据点格式

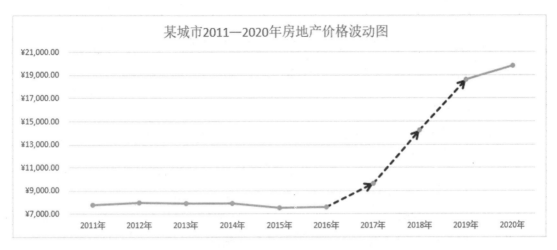

图 2-29　用线型强调特殊阶段的折线图

2）制作用阴影强调特殊阶段的折线图

除了设置虚线来强调特殊阶段的数值变化，还可以通过增加阴影的方式来强调某特殊阶段。具体操作步骤见本章"综合实验 1"，最终效果如图 2-30 所示。

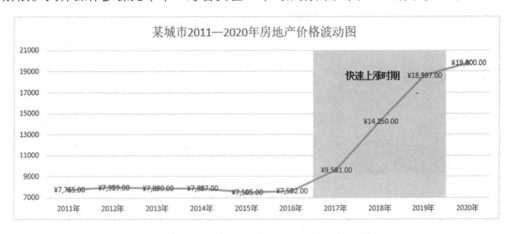

图 2-30　用阴影强调特殊阶段的折线图

2. 面积图

面积图可用于绘制随时间发生变化的变化量，用于人们对总值趋势的关注。通过显示所绘制的值的总和，面积图还可以显示部分与整体的关系。例如，表示随时间而变化的销售数据。面积图包括面积图、堆积面积图、百分比堆积面积图、三维面积图、三维堆积面积图和三维百分比堆积面积图。

表 2-2 所示为某企业 2022 年上半年销售数据，现在想通过数据分析并利用 Excel 可视化实现如下目标：① 用图表展示上半年各月销售收入与销售成本的变化趋势；② 不仅看到整体的变化趋势概况，还能看出各项目数据的累积变化。

表 2-2　某企业 2022 年上半年销售数据

月份	1 月	2 月	3 月	4 月	5 月	6 月
销售收入（万元）	49	62	60	68	70	76
销售成本（万元）	26	43	45	43	45	46

经过分析，综合数据特点和分析目标，可以使用面积图来展示销售收入与销售成本的变化。制作面积图步骤如下。

（1）打开某企业 2022 年上半年销售情况工作簿，选中数据区域 A1:G3，执行【插入】→【图表】→【插入折线图或面积图】→【面积图】命令，如图 2-31（左）所示。

（2）设置面积图的图表元素。首先删除网格线和图例，然后编辑图表标题并添加副标题和蓝色提示块，再添加纵坐标轴标题，最后设置图表区填充色。

（3）添加数据标签。先给图表添加数据标签，然后将 1—5 月数据标签全部删除，只保留 6 月数据标签。

（4）设置数据标签格式，选中数据标签，打开【设置数据标签格式】任务窗口，在【标签选项】组中只勾选【系列名称】复选框，最终完成效果如图 2-31（右）所示。

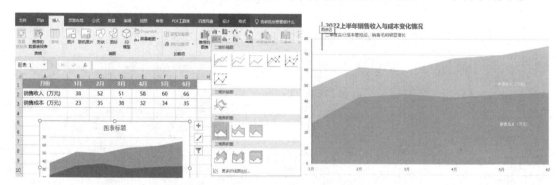

图 2-31　制作面积图表

2.2.3　饼图和环形图

1. 饼图

饼图通常只有一组数据系列作为源数据，它将一个圆形划分为若干个扇形，每个扇形代表数据系列中的一项数据值，其大小用于表示相应数据项占该数据系列总和的比例值。饼图常用于反映各数据在总体中的构成和占比情况。图 2-32 所示的饼图展示了某产品不同区域的销售额在总体中的占比。

2. 环形图

在分析各项目数据占比情况时，除了可以使用饼图，还可以使用环形图。图 2-33 所示是用环形图制作的产品 A 和产品 B 不同区域的销售额在总体中的占比。

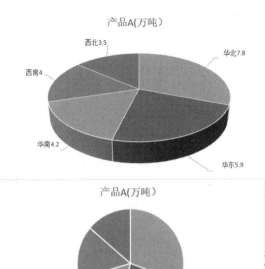

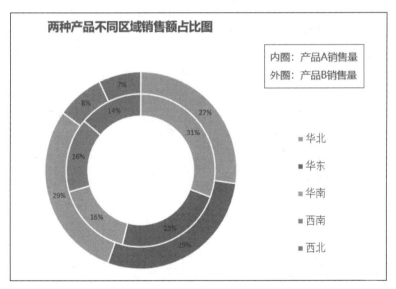

图 2-32　某产品不同区域的销售额在总体中的占比

图 2-33　产品 A 和产品 B 不同区域的销售额在总体中的占比

2.2.4　XY 散点图

XY 散点图显示了多个数据系列数值间的关系，它可以将两组数据绘制成 xy 坐标系中的一个数据系列。XY 散点图不仅可以使用线段描述数据，也可以使用一系列的点来描述数据，通常用于反映数据之间的相关性和分布特性。图 2-34 所示的散点图展示了用户数量与销售额之间的线性相关性。

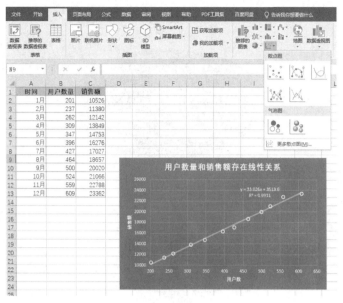

图 2-34　散点图展示线性相关

▶ 2.2.5　雷达图

雷达图用于比较每个数据相对中心的数值变化，将多个数据的特点以"蜘蛛网"形式呈现，多用于倾向分析与重点把握。雷达图包括雷达图、带数据标记的雷达图、填充雷达图。雷达图一般用于成绩展示、效果对比量化、多维数据对比等。只要有前后 2 组 3 项以上的数据，均可制作雷达图，其展示效果非常直观，例如，从成绩表中选取 3 名同学的数学、英语、语文 3 门课程成绩进行综合对比，经过雷达图的可视化处理后，每位同学的优势科目和短板科目及综合素质在雷达图中一目了然，如图 2-35 所示。

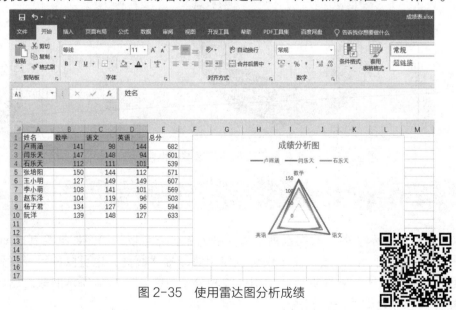

图 2-35　使用雷达图分析成绩

▶ 2.2.6　迷你图

迷你图是放置在单元格内的微型图表,用于直观地表示和显示数据趋势,能够简明地显示大量数据集反映出的图案。使用迷你图可以显示一系列数值,例如,季节性增长或降低、经济周期、突出显示最大值和最小值等。将迷你图放在它所表示的数据附近,可产生最大的直观效果。迷你图包含折线迷你图、柱形迷你图及盈亏迷你图。

本节采用迷你图显示 2022 年上半年某产品销售收入和销售成本,具体步骤如下:

(1)选择要在迷你图中显示的数据附近的空白单元格,这里选择 H2 单元格。

(2)在【插入】→【迷你图】组中分别单击【折线】【柱形】【盈亏】按钮,在弹出的【创建迷你图】对话框的【数据范围】输入框中输入要包含在迷你图中显示的数据的单元格区域。例如,如果数据位于第二行的单元格 A 到 G 中,则输入"A2:G2",在 H2 单元格中就创建了折线迷你图,如图 2-36 所示。

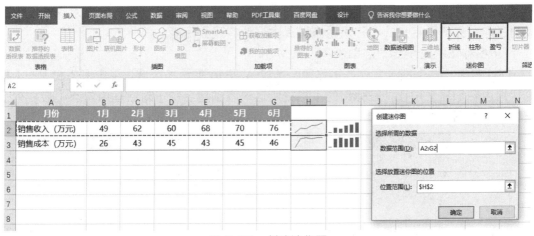

图 2-36　创建迷你图

(3)选择 H2 单元格,在列的方向向下填充到 H3 单元格,可以创建每行数据的折线迷你图。使用同样的方法还可以创建柱形迷你图、盈亏迷你图等。

(4)可以在【设计】选项卡的【显示】组中选择显示哪些特征点的选项。设置后可以突出显示折线迷你图中的各个点,包含【高点】【低点】等,效果如图 2-37 所示。

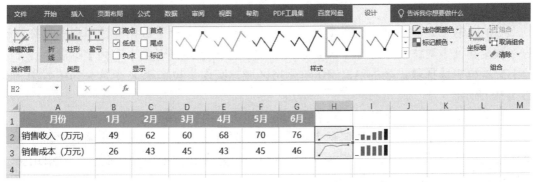

图 2-37　迷你图参数设置

2.2.7 动态图表

当大类别数量较多且不同类别下的小类数量不相同时，想要分析各大类别下面的小类别结构，制作多个图表会带来极大的工作量。此时，可以制作动态图表。动态图表又被称为交互式图表，通过对图表添加控件，实现筛选不同内容时自动更新图表数据的目的。动态图表通常出现在 Dashboard 报告中，这是一种一页式的可互动的数据可视化报告。Excel 创建动态图表的常用方案有工作表函数和数据透视表两种。

1. 使用函数制作动态图表

借助函数制作动态图表，也就是使用函数来定义图表的数据源，使用控件来调节数据源引用范围的大小，从而得到动态的图表展示。

函数定义图表的数据源通常有两种方式：一种是辅助列法，即通过构建辅助区域并将图表的数据源重新建立到空白区域来实现；另一种是名称法，即将图表的数据系列定义为名称，并使用定义的名称来动态引用数据源并建立图表。

1）名称法快速制作动态图表

（1）打开"动态图表实例"工作簿，选中 A3:E10 单元格区域，单击【公式】→【根据所选内容创建】按钮，在弹出的【根据所选内容创建名称】对话框中勾选【最左列】复选框，如图 2-38 所示。

图 2-38 自定义名称

（2）选中 G1 单元格，执行【数据】→【数据工具】→【数据验证】命令，在弹出的【数据验证】对话框中选择【设置】选项卡，设置【允许】为【序列】选项，在【来源】文本框中选择数据表的 A3:E10 单元格区域，实现下拉选择 8 个分公司的效果，如图 2-39 所示。

（3）创建新名称，指向 G1 选择的车间名称对应的数值区域。

执行【公式】→【定义的名称】→【定义名称】命令，在弹出的【新建名称】对话框的【名称】文本框中输入"数值"，在【引用位置】文本框中输入公式"=INDIRECT(Sheet1!$G$1)"，如图 2-40 所示。

图 2-39 设置【数据验证】

图 2-40 创建新名称

（4）选中 A2:E3 单元格区域，执行【插入】→【图表】→【柱形图】命令，创建一公司的各季度数据柱形图，如图 2-41 所示。

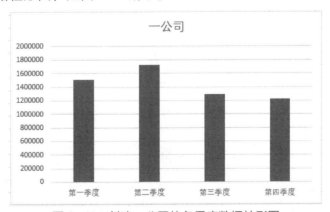

图 2-41 创建一公司的各季度数据柱形图

（5）完成系列名称设置。在图 2-41 所示的图表上单击鼠标右键，在弹出的快捷菜单中执行【选择数据】→【选择数据源】命令，在弹出的【选择数据源】对话框中单击【编辑】按钮，在弹出的【编辑数据系列】对话框的【系列名称】文本框中输入公式"=Sheet1!$G$1"，在【系列值】文本框中输入公式"=Sheet1!数值"，如图 2-42 和图 2-43 所示。

（6）最终实现的效果如下：在 G1 单元格下拉列表中选择 8 个公司中的任意 1 个，柱状图表会自动变为该公司的数据，如图 2-44 所示。

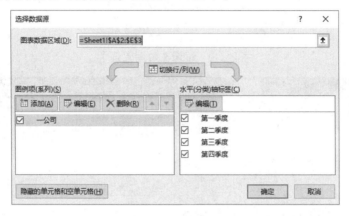

图 2-42　编辑数据源

图 2-43　编辑数据系列

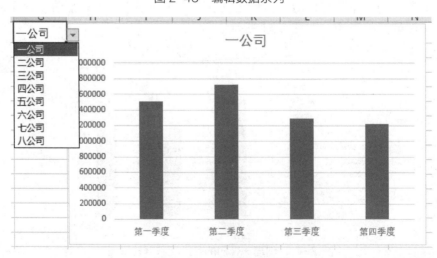

图 2-44　动态图表效果

2. 辅助列法制作动态图表

（1）打开"动态图表实例"工作簿，单击任意一个单元格，执行【开发工具】→【插入】→【表单控件】→【列表框】命令，在工作表中绘制一个列表框，如图 2-45 所示。

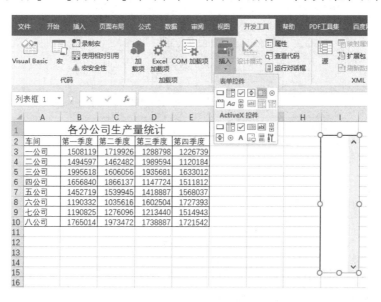

图 2-45　插入并绘制列表框

（2）右键单击列表框，在弹出的快捷菜单中执行【设置控件格式】命令，在弹出的【设置控件格式】对话框中选择【控制】选项卡，将【数据源区域】设置为"$A$3:$A$10"，将【单元格链接】设置为"$A$13"，单击【确定】按钮，关闭对话框，如图 2-46 所示。

图 2-46　设置列表框控件格式

（3）复制标题区 A1:E1 单元格区域，将其粘贴到 A15:E15 单元格区域。在 A16 单元格中输入公式“=INDEX(A3:A10,$A$13)”，并复制填充至 A16:E16 单元格区域，结果如图 2-47 所示。

	A	B	C	D	E	F
1	各分公司生产量统计					一公司
2	车间	第一季度	第二季度	第三季度	第四季度	二公司
3	一公司	1508119	1719926	1288798	1226739	三公司
4	二公司	1494597	1462482	1989594	1120184	四公司
5	三公司	1995618	1606056	1935681	1633012	五公司
6	四公司	1656840	1866137	1147724	1511812	六公司
7	五公司	1452719	1539945	1418887	1568037	七公司
8	六公司	1190332	1035616	1602504	1727393	八公司
9	七公司	1190825	1276096	1213440	1514943	
10	八公司	1765014	1973472	1738887	1721542	
11						
12						
13	1					
14						
15	车间	第一季度	第二季度	第三季度	第四季度	
16	一公司	1508119	1719926	1288798	1226739	
17						

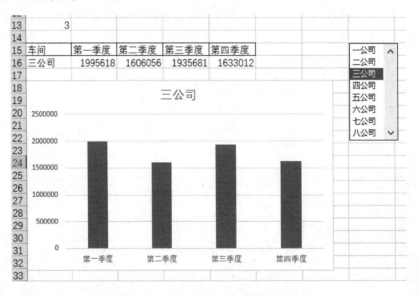

图 2-47　设置辅助区域

（4）选中 A15:E16 单元格区域，执行【插入】→【图表】→【柱形图】命令，插入默认样式的柱形图。

（5）在列表框中单击任意一个公司名称，A16:E16 单元格中的数据和图表也会随之改变，如图 2-48 所示。

图 2-48　列表框控件实现动态图表

3. 使用数据透视表创建动态图表

可以把数据透视表的切片器看作一种图形化的筛选方式。它可以为数据透视表中的指定字段创建一个选取器，浮动在数据透视表上，通过选取切片器中的数据项，用户可以动态获取相应数据。

　　由于篇幅限制，本书不在此处详细讲解，在后面的章节中将会结合实例详细介绍操作步骤，此处仅演示最终效果，如图 2-49 所示。

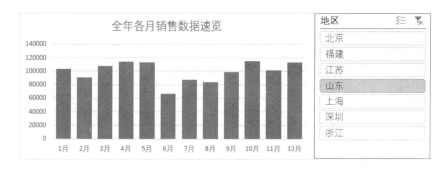

图 2-49　使用数据透视表切片器实现动态图表

2.3　Excel 可视化的快捷应用

　　前两节用大量实例讲解了 Excel 各种常用图表的创建过程，基本操作都是首先选定数据，然后根据需求选择合适的图表类型，最后进行美化、修饰等工作。那么，要实现数据的可视化，一定要按部就班地创建图表吗？有没有更快捷的办法呢？本节将介绍几个利用 Excel 快速实现数据可视化的方法。

2.3.1　利用模板制作商务图表

　　模板已被我们所熟知，Word 模板让我们编辑文档时一次性设置好所有格式，只需要录入文字即可。在 Excel 的图表制作中，同样可以利用模板功能，一次性将图表的格式、元素的设置等一系列复杂的操作保存在模板中，下次遇到类似的数据，只需要调出模板就可以完成所有设置，从而得到格式完全相同的图表。

1. 创建模板

　　在创建好的图表上单击鼠标右键，在弹出的快捷菜单中执行【另存为模板】命令，将模板保存起来，如图 2-50 所示。

2. 使用模板

　　选中要创建图表的数据，执行【插入】→【图表】命令，在弹出的【插入图表】对话框中选择【所有图表】选项卡，选择【模板】选项，选择自己保存的模板或从网络上下载的模板，就可以创建出和原来的设计一模一样的图表了，如图 2-51 所示。

图 2-50 创建并保存模板

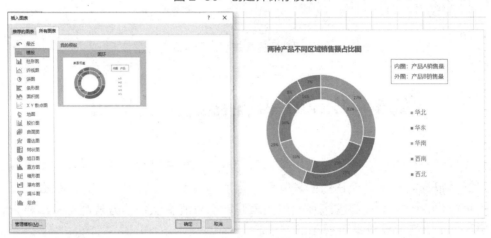

图 2-51 利用模板创建图表

2.3.2 利用条件格式实现微图表

条件格式可以根据用户设定的条件，对单元格中的数据进行判别，对符合条件的单元格使用特殊格式来显示。每个单元格都可以添加多种不同的条件判断和显示相应的格式，通过这些规则的组合，可以让表格通过颜色和图标等方式自动标识数据，从而实现数据的可视化。

1. 基于各类特征设置条件格式

Excel 内置了许多基于特征设置的条件格式，可以基于数值、日期、重复值等特征突出显示单元格，也可以按最大或最小的前 10 项、高于或低于平均值等项目要求突出显示单元格。Excel 内置了 7 种突出显示单元格规则，如表 2-3 所示。

表 2-3 Excel 内置的 7 种突出显示单元格规则

显示规则	说　　明
大于	为大于设定值的单元格设置特定的单元格格式
小于	为小于设定值的单元格设置特定的单元格格式

续表

显示规则	说　　明
介于	为介于设定值之间的单元格设置特定的单元格格式
等于	为等于设定值的单元格设置特定的单元格格式
文本包含	为包含设定文本的单元格设置特定的单元格格式
发生日期	为包含设定发生日期的单元格设置特定的单元格格式
重复值	为重复值或唯一值的单元格设置特定的单元格格式

Excel 还有 6 种内置的项目选取规则，如表 2-4 所示。

表 2-4　Excel 内置的 6 种项目选取规则

显示规则	说　　明
前 n 项	为值最大的前 n 项单元格设置特定的单元格格式
前 n% 项	为值最大的前 n% 项单元格设置特定的单元格格式
后 n 项	为值最小的后 n 项单元格设置特定的单元格格式
后 n% 项	为值最小的后 n% 项单元格设置特定的单元格格式
高于平均值	为高于平均值的单元格设置特定的单元格格式
低于平均值	为低于平均值的单元格设置特定的单元格格式

某班部分学生成绩如表 2-5 所示，现在需要标识单科及总分前三名的记录，这时可以使用表 2-3 所示的内置规则进行设置。选中"数学"一列的数据区域后，执行【开始】→【条件格式】→【最前/最后规则】→【条件格式】→【前 10 项】命令，在打开的对话框中将默认数值 10 改为 3，依次再对其他科目及总分进行设置，即可将数据标识出来，操作过程及结果如图 2-52 所示。

表 2-5　成绩表

姓名	数学	语文	理综	英语	总分
卢雨涵	141	98	299	144	682
闫乐天	147	148	212	94	601
石乐天	112	111	215	101	539
张培阳	150	144	165	112	571
王小明	127	149	182	149	607
李小萌	108	141	219	101	569
赵东泽	104	119	184	96	503
杨子君	134	127	237	96	594
阮洋	139	148	219	127	633

2. 内置的单元格图形效果样式

Excel 在条件格式功能中提供了"数据条""图标集""色阶"3 种内置的单元格图形效果样式。

1）使用数据条效果展示数据

在包含大量数据的表格中，轻松读懂数据规律和趋势并非一件简单的事，使用条件格式中的"数据条"功能，可以让数据在单元格中产生类似条形图的效果，使数据规律和趋势能够更直观地显示。

针对表 2-5 中的"总分"数据，我们尝试使用"数据条"功能更直观地展示数据。选中需要设置条件格式的 F2:F10 单元格区域，执行【开始】→【条件格式】→【数据条】→【渐变填充】→【橙色填充】命令，操作过程及完成效果如图 2-53 所示。

图 2-52　使用条件格式标识成绩表单科及总分前三名

图 2-53　使用数据条展示总分对比

2）使用图标集展示数据效果

除了用数据条的形式展示数值的大小，还可以用条件格式中的"图标集"来展示分段数据，根据不同的数值等级显示不同的图标图案。

针对表 2-5 中的"总分"数据，我们尝试使用"数据条"功能更直观地展示数据。选中需要设置条件格式的 F2:F10 单元格区域，执行【开始】→【条件格式】→【图标集】→【等级】→【3 个星形】命令，操作过程及完成效果如图 2-54 所示。还可以在【其他规则】对话框中对图标的显示规则进一步进行设置，例如，义务教育阶段成绩要求不能以分数直接显示，那么可以勾选【仅显示图标】复选框。

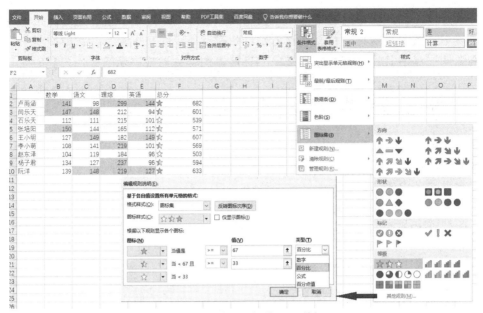

图 2-54 使用图标集展示数据

3）使用色阶展示数据效果

除了使用图形的方式来展现数据，Excel 还可以使用不同的色彩来表达数值的大小分布。条件格式中的"色阶"功能可以通过色彩反映数据的大小，形成"热图"。

图 2-55 所示为我国部分城市各月的平均气温数据，使用"色阶"能够让这些数据更容易显示分布规律。

城市	一月	二月	三月	四月	五月	六月	七月	八月	九月	十月	十一月	十二月
西安	-2.3	2.9	7.8	16.3	20.5	24.9	36	34.9	21.2	14	6.4	-0.5
沈阳	-9.4	3	2.1	12.5	18	23.9	24.3	23.1	18.8	11.9	2.2	-9.2
上海	4.1	8.6	9.9	16.2	20.9	24.4	32.6	34.9	28.3	19.2	14.6	9.1
广州	13.4	16.4	18.1	23.7	25.9	28.9	32.7	33.5	29.8	23.9	21.2	16.2

图 2-55 部分城市各月平均气温数据

选中需要设置条件格式的 B2:M5 单元格区域，执行【开始】→【条件格式】→【色阶】→【红～白色阶】命令，如图 2-56 所示。

图 2-56 使用色阶展示部分城市各月平均气温

完成操作后，表格中的每个单元格会根据数值显示不同的颜色，通过颜色将这些城市的每月平均气温可视化，可直观地看到广州在这 4 个城市中夏季持续时间最长、西安夏季气温明显高于其他城市等信息被色阶直接以图像的形式展示给了用户。

2.3.3　利用函数生成图表

在 Excel 中有一个函数可以一键生成图表，这个函数就是 REPT。REPT 函数的语法为 REPT(字符串,重复次数)，作用是将指定的字符串重复多次显示。

下面是各图表的实现方式。

（1）利用函数实现条形图。

公式：=REPT（"|",B2），字体设置：Playbill，如图 2-57 所示。

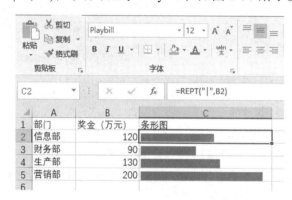

图 2-57　利用函数实现条形图

（2）利用函数实现评级图。

语法：=REPT（"★",B2/19），如图 2-58 所示。

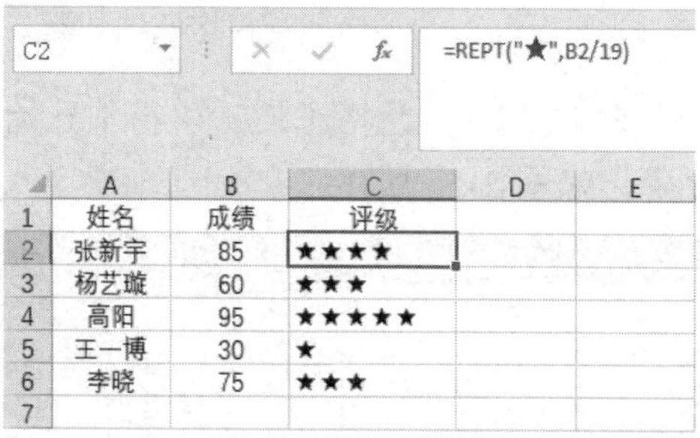

图 2-58　利用函数实现评级图

2.3.4　数据图表的内容更新

在 Excel 中，图表不仅可以根据单元格数据源变化而自动改变，而且可以在源数据中添加新的数据列后，图表自动改变，增加新的图形项。具体来说，有如下 3 种方法可以将表格中的数据更新到图表。

1. 通过复制和粘贴更新图表

操作步骤如下：

（1）添加新记录，将新记录复制。

（2）在"图表区"中单击鼠标右键，在弹出的快捷菜单中执行【粘贴】命令（或按【Ctrl+V】组合键）。

（3）图表完成自动更新，结果如图 2-59 所示。

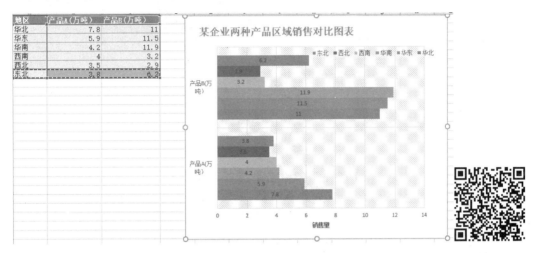

图 2-59　通过复制和粘贴更新图表

2. 通过拖曳光标更新图表

（1）选中图表区或绘图区，此时现有数据区域右下角将出现一个填充柄，将光标放在此，填充柄会变成左上右下的双向箭头。

（2）向下拖动光标，将新添加的记录选中，新添加的记录就会出现在图表中，如图 2-60 所示。

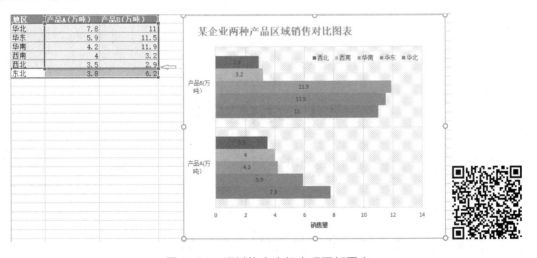

图 2-60　通过拖曳光标实现更新图表

3. 通过修改数据源更新图表

（1）在图表中单击鼠标右键，在弹出的快捷菜单中执行【选择数据】命令，弹出【选择数据源】对话框，如图 2-61 所示。

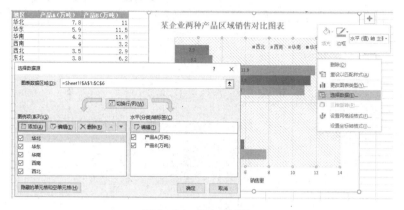

图 2-61　添加数据源

（2）在【图例项（系列）】选项组中单击【添加】按钮，弹出【编辑数据系列】对话框，在【系列名称】文本框中输入新增数据的标题，在【系列值】文本框中输入新增数据的数据区域。

（3）单击【确定】按钮，后完成图表更新，如图 2-62 所示。

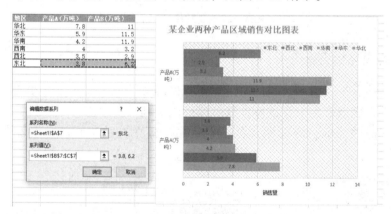

图 2-62　完成图表更新

2.4　综合实验

▶ 实验 1

1. 实验目标

如果想在图表中同时强调多项数据，例如，某个特殊的数据区间时，可以采用带阴

影的柱形图来实现。

2. 实验内容

本实验为数据系列中处于快速上涨期间的折线添加阴影，并且标明"快速上涨期"字样，以吸引读者的目光并令其重视该数据区间。

其制作原理是增加辅助数据柱形图，并将其设置在主坐标轴上，其余数据设置在次坐标轴上，然后调整辅助数据系列的间隙宽度，从而实现阴影效果。

3. 实验步骤

（1）使用"某城市房地产价格"工作簿，为数据区域增加一个辅助系列"快速上涨期"，将该列数据更新到折线图上，如图 2-63 所示。

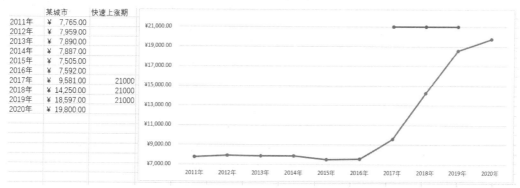

图 2-63　增加辅助列"快速上涨期"

（2）在图表新增的折线图上单击鼠标右键，在弹出的快捷菜单中执行【更改系列图表类型】命令，在弹出的【更改图表类型】对话框中更改【快速上涨期】系列图形为"簇状柱形图"，如图 2-64 所示。

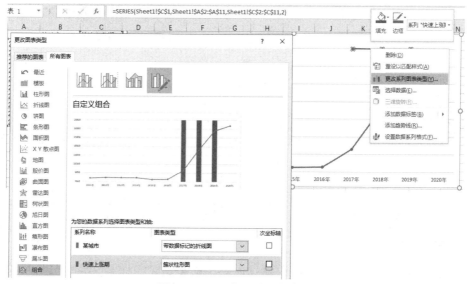

图 2-64　更改系列图表类型

（3）在柱状图上单击鼠标右键，在弹出的快捷菜单中执行【设置数据系列格式】命令，在弹出的【设置数据系列格式】对话框中将【系列选项】→【间隙宽度】设置为 0%，如图 2-65 所示。

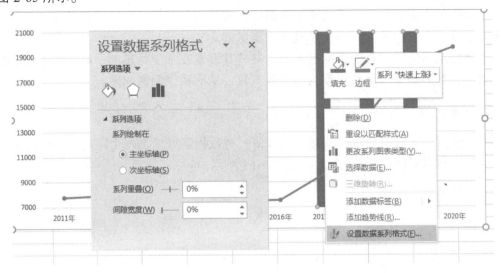

图 2-65　设置间隙宽度实现阴影

（4）调整柱状图颜色、图例等设置，最终实现效果如图 2-66 所示。

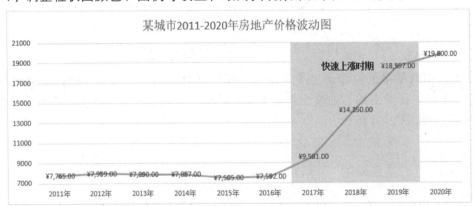

图 2-66　最终实现效果

实验 2

1. 实验目标

掌握简单图表的创建过程，能够根据数据选择合适的图表类型。

2. 实验内容

表 2-6 展示了某电商店铺客服周绩效数据，需要通过制作漏斗图来分析每阶段的转化情况，以便观察和分析每阶段中存在的问题。

表 2-6　某电商店铺客服绩效

阶　段	比　例	人　数
接待	100%	6 789
回复	99%	6 721
询价	63%	4 277
下单	20%	1 358
付款	17%	1 154

3. 实验步骤

由读者自主完成。

2.5　思考与练习

一、选择题

1. 工作表数据的图形表示方法为（　　）。

A. 图形　　　　　　　　B. 表格　　　　　　　　C. 图表　　　　　　　　D. 表单

2. 在 Excel 中使用工作表是为了更直观地表示数据，可以创建嵌入式图表或独立图表，当工作表中的数据源发生变化时，下列叙述正确的是（　　）。

A. 嵌入式图表不作相应的变动

B. 独立图表不作相应的变动

C. 嵌入式图表作相应的变动，独立图表不作相应的变动

D. 嵌入式图表和独立图表都作相应的变动

3. 在 Excel 中，下列关于图表的说法错误的是（　　）。

A. 数据图表就是将单元格的数据以各种统计图表的形式出现

B. 图表的一种形式是嵌入式图表，它和创建图表的数据源放置在同一张工作表中

C. 图表的另一种形式是独立图表，它是一张独立的图表工作表

D. 当工作表中的数据发生变化时，图表中的对应项的数据不会发生变化

4. 关于 Excel 图表，以下说法正确的是（　　）。

A. 在 Excel 中可以手工绘制图表

B. 嵌入式图表是将图表与数据同时置于一个工作表内

C. 工作簿中只包含图表的工作表称为图表工作表

D. 图表生成后，可以对图表类型、图表元素等进行编辑

5. 在 Excel 图表中，没有的图形类型是（　　）。

A. 柱形图　　　　　　　B. 条形图　　　　　　　C. 圆锥形图　　　　　　D. 扇形图

6. 图表是工作表数据的一种视觉表示形式，图表是动态的，改变图表（　　）后，

系统会自动更新图表。

    A. x 轴数据   B. y 轴数据   C. 标题   D. 所依赖的数据

    7. 使用 Excel 可以创建各类图表，如条形图、柱形图等，为显示数据系列中每项占该系列数据总和的比例关系，应该选择哪种图表（   ）？

    A. 条形图   B. 柱形图   C. 饼图   D. 折线图

    8. 在 Excel 中，可以创建嵌入式图表，它和创建图表的数据源放置在（   ）工作表中。

    A. 不同的   B. 相邻的   C. 同一张   D. 另一工作簿

    9. 在 Excel 中，图表中图例的设置在（   ）步骤时输入。

    A. 图表类型   B. 图表数据源   C. 图表选项   D. 图表位置

    10. 在工作表中创建图表时，若选定的区域有文字，则文字一般作为（   ）。

    A. 图表中图的数据   B. 图表中行或者列的坐标

    C. 说明图表中数据的含义   D. 图表的标题

二、填空题

1. Excel 中图表类型有_____、_____、_____、_____。

2. Excel 的主要功能有表格处理、数据库管理和_____。

3. 图表无论采用何种方式，都会链接到工作表中的_____。

4. 当更新工作表数据时，同时也会更新_____。

5. 图表制作完成后，其图表类型_____随意更改。

6. 在柱形图转饼图的操作中，选择柱形图表，右键单击后选_____可更改。

7. 当选中图表后，在面板选项会出现_____。

三、简答题

1. 在 Excel 中，图表与工作表有什么关系？Excel 提供了哪些图表类型？

2. Excel 的图表有哪些组成部分？

3. 分别简述 Excel 中饼图、迷你图的创建过程。

4. 简述 Excel 中柱形图转换折线图的操作流程。

5. 简述当修改源数据后图形发生的变化，在图形上增加数据列的操作过程。

四、网上练习或课外阅读

    本章介绍了 Excel 的常见基本图表类型，还有一些图表类型没有介绍，读者可根据需要，借助网络或阅读其他书籍，了解如甘特图、旋风图、蝴蝶图等图表类型的用途和制作方法。

第 3 章
商品生产成本分析

↘ 本章导读

从本章开始，将重点介绍 Excel 数据分析与可视化的实战方法，通过大量的实例操作为读者演示如何利用 Excel 的数据分析与图表功能让数据自己会说话，实现数据的可视化。数据可视化应用比较广泛的行业就是生产企业和商业企业，因其有着强烈的资本逐利需求，需要实时掌握企业当前的生产、销售状况，目前绝大多数企业仍停留在由业务经办部门提供周期报表的阶段，这些报表数据通常简单、枯燥，许多隐患被大量无效的数据隐藏了起来，往往都是当市场反馈产品销售状况出了问题，才一步步倒推着去找问题的根源。实际上，所有的问题都在周期性的数据报表中真实反映了，只不过缺乏进一步的分析并使用直观的可视化工具进行展示。因此，本章以"制造业生产过程"的管理为例，对商品生产成本、生产管理成本等进行分析，并系统介绍其可视化相关工具和方法。通过使用 Excel 将相关数据进行可视化展示，可以揭示数据隐含的相关信息，方便指导企业进行相关的改进，提高效率和效益。

📙 本章学习导图

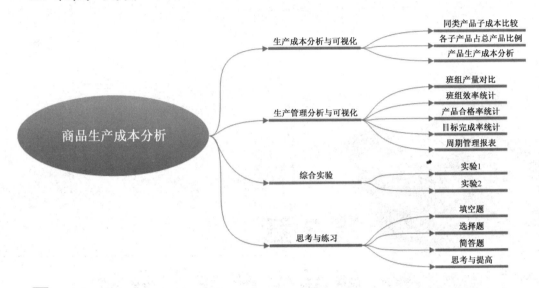

⚏ 职业素养目标

图表处理是 Excel 的一个主要功能，图表可以将数据以可视化表示出来，形象直观地反映数据的相互关系和变化趋势，在进行图表的制作中，需要细思熟虑、勇于开拓、自主创新。使用改革开放以来我国历年 GDP 与增长率数据，以及近年来 G20 国家的 GDP 数据，可以创建柱形图、折线图、条形图等图表，直观反映我国经济持续快速增长的发展势头，凸显我国经济增速在全球范围内的优势地位，使读者对中国的发展充满自信，对中国特色社会主义道路充满自信。同时，利用图表的相辅相成关系，可以培养学生多维度看问题，体现全面性同时突出重点的能力。表述问题要直观可信，着力培育读者描述问题的创造能力和创新精神。

本章将以制造业生产过程的管理为例，对其生产数据进行分析，并使用 Excel 将相关数据进行可视化展示，从而揭示数据隐含的相关信息，进而指导企业进行相关的改进，提高效率和效益。

制造企业关注的生产数据主要有以下 3 类：产能、成品率、生产成本。

（1）产能主要指在计划周期内，在既定的组织技术条件下，所能产生的产品数量，可细分为班组产能、特定工序产能、特定产品产能等。产能是反映企业生产能力的重要参数。

（2）成品率主要指企业在产品生产过程中，根据产品产出的合格成品情况与核定的产品材料总投入量，所确定的一定比率关系。这个比率关系可根据企业加工情况，细分为一次成品率、综合成品率等不同的形式。

（3）生产成本主要指企业为生产产品而发生的成本，包括原材料、辅材、备品备件、动力能源、人工工资、检测加工费等。生产成本是衡量企业技术和管理水平的重要指标之一。

3.1　生产成本分析与可视化

产品生产成本是企业在生产过程中发生的各项生产费用，是企业为获得收入预先垫支并需要得到补偿的资金耗费。

3.1.1　同类产品子成本比较

1. 相关知识

产品生产成本由直接材料、直接人工、制造费用构成。① 直接材料：指构成产品实体的原材料及有助于产品形成的主要材料和辅助材料；② 直接人工：指从事产品生产的工人的职工薪酬；③ 制造费用：指企业生产部门为生产产品和提供劳务而发生的各项间接费用，包括机物料消耗、车间管理人员的工资、折旧费、办公费、水电费等。

通过对比同类产品的 3 个子成本，可以有效地分析产品的成本构成，从而促进企业节流增效，提高效益。

2. 例题

例 3-1　某企业有 A、B、C 3 种主要产品，属同一品类，市场售价也相当，其 2022 年 12 月的子成本如表 3-1 所示，请帮助企业进行成本分析，以确定控制成本的改进措施。

表 3-1　某企业 3 种产品子成本分析表

单位：元

产品类型	直接材料	直接人工	制造费用	其他	合计
产品 A	16 000	10 200	3 642.5	390	30 232.5
产品 B	14 570	12 306	3 243.2	390	30 509.2
产品 C	16 000	15 856	3 567.1	390	35 843.1
总计	46 570	38 362	10 452.8	1 170	96 554.8

分析：在同类产品价格雷同的情况下，提高产品竞争力无非是提质和增效两条路。其中，增效就是控制成本，分析 3 种产品的子成本构成即可。既然是对比分析，那么首选柱状图，不仅要分析总量，还要分析子成本，建议选择柱形堆积图或子母饼图实现数据可视化。

操作步骤如下：

（1）在 Excel 中打开"例 3-1"工作簿。

（2）选中数据区域 A2:E4，执行【插入】→【推荐的图表】命令，在弹出的【插入图表】对话框中选择【所有图表】→【柱形图】→【堆积柱形图】选项，本例为了将子成本作为堆积项，选择右侧图表，如图 3-1 所示。

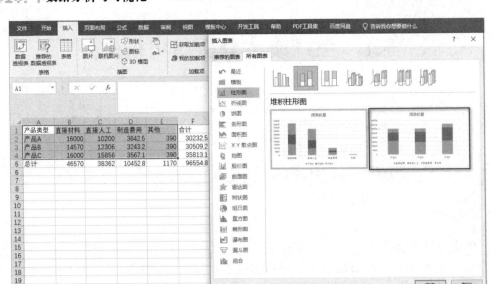

图 3-1　创建堆积柱形图分析子成本

（3）为了从不同维度观察产品的子成本，单击图表，然后执行【图表设计】→【更改图表类型】命令，在弹出的【更改图表类型】对话框中选择【所有图表】→【柱形图】→【百分比堆积柱形图】，选择左侧图表创建百分比堆积图，将两张图表放在一起，如图 3-2 所示。

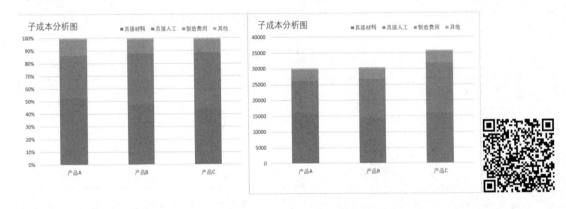

图 3-2　百分比堆积柱形图和堆积柱形图

（4）通过图 3-2 可以看到，① 产品 C 的直接人工成本在 3 个产品中占比最高，产品 A 的占比最低；② 产品 C 的直接人工成本的绝对数量值最高，产品 A 最低；③ 产品 C 的总成本在 3 个同类中最高，产品 A 最低；④ 产品的另外 3 种子成本相差不大。

为提高产品利润，给出如下建议：① 进一步分析产品 C 直接人工成本居高不下的原因，并根据分析结果，结合产品 C 的销量、可替代性等因素决定是否调整该产品的产量，以降低企业的总成本；② 企业所有产品均存在直接人工成本占比较大的问题，建议考虑引进智能化生产设备，以减少相关费用。

例 3-2　某企业试投产了 1、2、3、4 种产品，经过两个月的生产及销售，相关数据

如表 3-2 所示。由于企业生产规模及资金有限，现无法支撑 4 种产品同时生产，请根据数据分析，帮助企业在 4 种产品中进行选择。

表 3-2　某企业 4 种产品成本及销售数据

产品号	直接人工（元）	直接材料（元）	制造费用（元）	销售量（个）	总成本（元）	销售额（元）	利润率（%）
产品 1	3 030	4 563	3 519	4 411	11 112	15 438.5	28%
产品 2	1 612	4 661	4 749	4 314	11 022	20 275.8	46%
产品 3	4 567	4 884	2 974	4 108	12 425	11 913.2	-4%
产品 4	1 210	4 074	2 545	4 110	7 829	10 275	24%

分析：本例中提供了较为丰富的销售数据，可以根据利润率等信息进行分析，数据对比仍然首选柱形图，但本例中的比较涉及多个对比维度，我们选用组合图（柱形图＋折线图）表对比总成本、销售额和利润率，将子成本占比比较改用饼状圆环图展示。

操作步骤如下：

（1）在 Excel 中打开"例 3-2"工作簿。

（2）制作组合图表对比总成本、销售额和利润率。选中工作表的 A1:A5、F1:F5、G1:G5、H1:H5 四个区域，然后单击【插入】→【推荐图表】→【所有图表】→【组合】，如图 3-3 所示，在弹出的对话框中将【利润率】数据系列对应的图表类型改为"折线图"，因为利润率的数据单位和成本及销售额不同，所以，这里需要为利润率另设置一个次坐标轴。

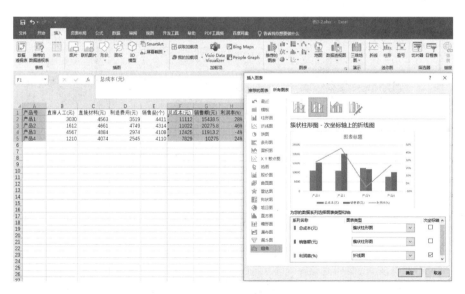

图 3-3　制作组合图对比数据

（3）制作饼状圆环图对比产品子成本占比。选中工作表的 A1:D5 单元格区域，执行【插入】→【推荐的图表】命令，在弹出的【插入图表】对话框中选择【所有图表】→【饼图】→【圆环图】选项，如图 3-4 所示。

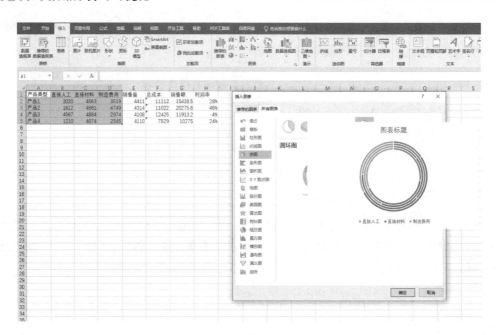

图 3-4　制作圆环图比较子成本

（4）在生成的图表中选中圆环并单击鼠标右键，在弹出的快捷菜单中执行【设置数据系列格式】命令，在弹出的对话框中调整【圆环圈内径大小】。使用同样的方法设置数据标签为"值"和"百分比"，效果如图 3-5 所示。

图 3-5　设置圆环图格式

（5）将柱形图＋折线图组合图和圆环图放在一起进行分析，如图 3-6 所示。在总销售量持平的情况下发现如下问题：① 产品 2 的销售额及利润率最高；② 产品 3 的总成本最高且利润率为负，产品 4 的总成本最低；③ 在子成本分析中，产品 3 的直接人工成本占比最高，产品 2 和产品 4 最低。产品 4 的材料成本最高，产品 2 的材料成本最低。产品 3 的制造成本占比最高，产品 2 的制造成本占比最低。

经过 2 个月的试投产和销售，4 种产品均取得了不错的销售数量，如果要从 4 种产品中进行淘汰，那么首选产品 3，理由如下：① 总成本太高，亏损（利润率为负）；② 子成本中直接材料成本占比太高，短期内无法通过其他方法降低成本。在剩余的 3 个产品中，产品 2 和产品 1 应该优先发展，产品 2 利润率最高，产品 1 和产品 4 相比，4 号产品直接材料成本占比太大（52%），材料成本短期内无法降低，因此，产品 1 更有潜力。

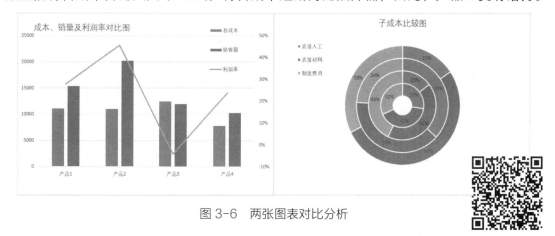

图 3-6　两张图表对比分析

3.1.2　各子产品占总产品比例

1. 资料

按 2020 年价格计算，全社会渔业经济总产值为 27 543.47 亿元，其中，渔业产值为 13 517.24 亿元，渔业工业和建筑业产值为 5 935.08 亿元，渔业流通和服务业产值为 8 091.15 亿元，3 个产业产值的比例为 49.1∶21.5∶29.4。渔业流通和服务业产值中，休闲渔业产值为 825.72 亿元，同比下降 14.32%。

渔业产值中，海洋捕捞产值为 2 197.20 亿元，海水养殖产值为 3 836.20 亿元，淡水捕捞产值为 403.94 亿元，淡水养殖产值为 6 387.15 亿元，水产苗种产值为 692.74 亿元（渔业产值以国家统计局年报数据为准）。

渔业产值（不含苗种）中，海水产品与淡水产品的产值比例为 47.0∶53.0，养殖产品与捕捞产品的产值比例为 79.7∶20.3。

以上数据摘自农业农村部网站《2020 年全国渔业经济统计公报》。

2. 例题

例 3-3　根据资料中的数据，以合适的图表展示 2020 年全社会渔业总产值构成情况，并解析其中渔业产值的构成。

分析：大类中的子类占比分析，一般选择饼图来展示。子类的构成可以使用复合饼图来展示。

操作步骤如下：

（1）将以上文字资料录入 Excel，注意录入渔业产值时，按资料中的分项录入，如图 3-7 所示。

（2）选中数据区域 A1:B8，执行【插入】→【图表】→【饼图】→【复合饼图】命令，如图 3-7 所示。

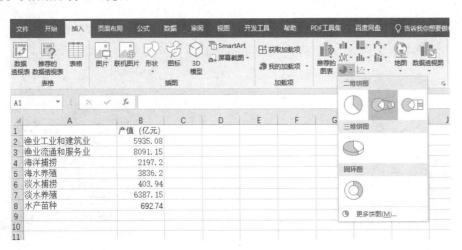

图 3-7 利用数据制作复合饼图

（3）在生成的复合饼图图表中右键单击饼图，在弹出的快捷菜单中执行【设置数据系列格式】命令，如图 3-8 所示。由于表格中的后 5 项属于渔业的子类别，所以，在【系列分割依据】下拉列表框中选择"位置"选项，将【第二绘图区中的值】设置为"5"，复合饼图的基本制作就完成了。

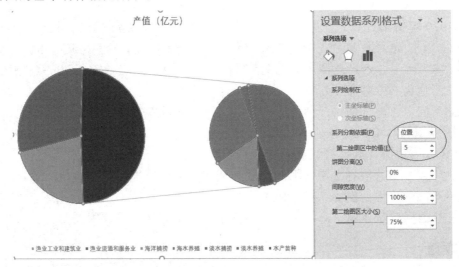

图 3-8 设置复合饼图数据格式

（4）饼图一般不需要图例，因此将图例删除，然后设置数据系列标签，将标签设置在图表内部，字体设置为白色。因为子饼图中有两个区域占比太小，所以，将这两个区域的标签单独设置，详细设置如图 3-9 所示。最终效果如图 3-10 所示。其中，母饼图中的标签是手工设置的"渔业"字样。

例 3-4 某服装厂有多种产品系列，数据如表 3-3 所示，要求利用表中数据制作图表，达到如下效果：① 用图表展示各类产品的占比情况；② 在展示各类产品占比的同时能够展示其子类产品的结构占比，即能够让用户同时看到两个级别的产品结构；③ 用户能清晰地看出每种产品在整体中所占的份额。

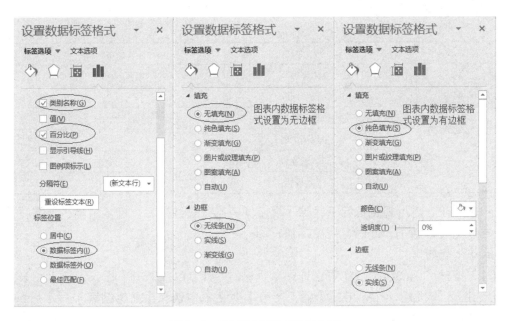

图 3-9 设置复合饼图数据标签

2020年渔业经济总产值构成

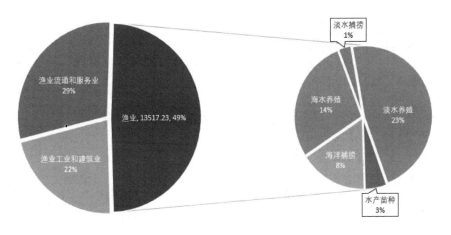

图 3-10 2020 年渔业经济产值构成复合饼图

表 3-3 某服装厂产品订单表

产品类别	产品名称	订单金额（万元）
春装	长袖 T 恤	64
	长袖衬衫	95
	牛仔裤	53
夏装	短袖 T 恤	53
	短裤短裙	97
	长裙	92

续表

产品类别	产品名称	订单金额（万元）
秋装	羊毛衫	74
	夹克外套	70
	休闲裤	91
冬装	短款羽绒服	181
	长款羽绒服	175
	冬款裤装	159

分析： 在分析可视化目标后，除了展示同一层级不同项目之间的占比，还需要展示多个层级的项目结构，此时可以使用旭日图。

操作步骤如下：

（1）打开"例 3-4"工作簿，选中数据区域 A1:C13，单击【插入】→【图表】→【推荐的图表】按钮，在弹出的【插入图表】对话框中选择【所有图表】→【旭日图】选项，如图 3-11 所示。在旭日图中，越靠近圆心的位置圆环的层级越高，越外层的圆环层级越低。

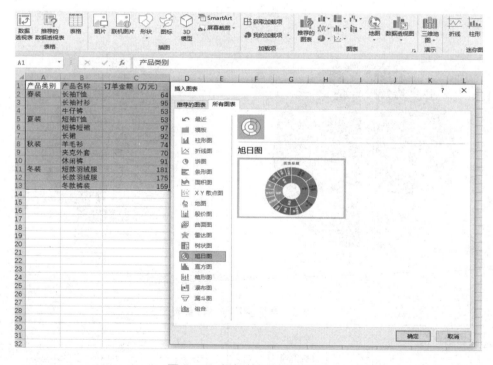

图 3-11　根据数据制作旭日图

（2）由于旭日图的绘图区大小无法设置，所以，只能调整整个图表的大小来控制圆环的大小。对圆环的配色和图表的底色进行设置，设置方法及最终效果如图 3-12 所示。

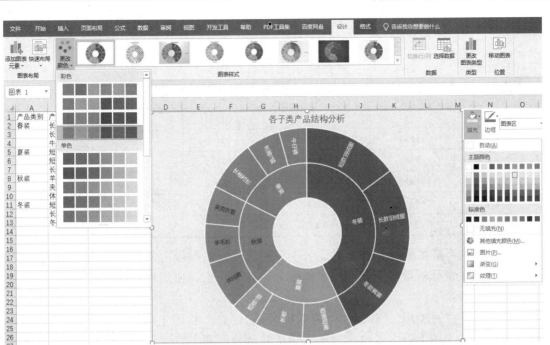

图 3-12　旭日图分析各子类产品结构

3.1.3　产品生产成本分析

1. 相关知识

在市场经济条件下，产品成本是衡量生产消耗的补偿尺度。企业必须以产品销售收入抵补产品生产过程中的各项支出，才能确定盈利，因此，在企业成本管理中，生产成本的控制是一项极其重要的工作。企业原材料消耗水平、设备利用好坏、劳动生产率的高低、产品技术水平是否先进等，都会通过生产成本反映出来。换言之，生产成本的控制能反映企业生产经营工作的效果。

生产成本由直接材料、直接人工和制造费用组成。直接材料是指在生产过程中的劳动对象，通过加工使之成为半成品或成品，它们的使用价值随之变成另一种使用价值；直接人工是指生产过程中所耗费的人力资源，可用工资额和福利费等计算；制造费用是指生产过程中使用的厂房、机器、车辆及设备等设施及机物料和辅料，它们的耗用一部分通过折旧方式计入成本，另一部分通过维修、定额费用、机物料耗用和辅料耗用等方式计入成本。

2. 例题

例 3-5　某企业 5 种产品生产成本如表 3-4 所示，请利用多种图表形式对产品生产成本进行分析，形成产品生产成本分析可视化看板。

表 3-4　某企业产品生产成本

单位：元

产品	直接人工	直接材料	制造费用	其他直接支出	总成本
产品 A	4 257	2 785	2 043	508	9 593
产品 B	5 681	3 098	1 794	631	11 204
产品 C	3 960	3 560	1 691	665	9 876
产品 D	3 447	3 790	1 697	527	9 461
产品 E	5 622	3 194	2 951	652	12 419
总计	22 967	16 427	10 176	16 427	10 176

分析：生产成本分析主要是对比分析，对比分析的图表主要有柱形图、条形图和饼图，注意要生成分析看板需要对图表的配色、图表元素等使用相对统一的风格。

操作步骤如下：

（1）打开"例 3-5"工作簿，选中数据区域 B2:F7，执行【插入】→【图表】→【插入柱形图或条形图】→【二维柱形图】→【簇状柱形图】命令，创建柱形图，对比各子产品成本构成，如图 3-13 所示。

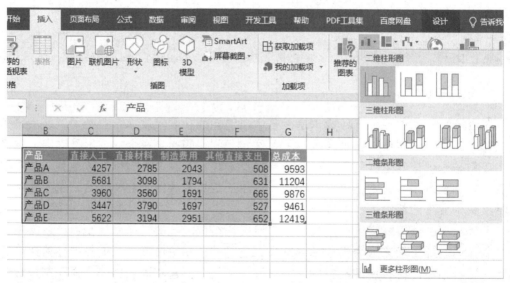

图 3-13　创建柱形图对比各子产品成本

（2）按步骤（1）的操作方法，选中数据区域 B2:B7、G2:G7，执行【插入】→【图表】→【饼图】命令，创建饼图，对比分析各子产品总成本。

（3）按步骤（1）的操作方法，选中数据区域 B2:F2、B8:F8，选择【插入】→【图表】→【插入柱形图或条形图】→【二维条形图】→【簇状条形图】，创建条形图，对比企业总成本构成。

（4）为了使看板颜色相对统一，对看板统一设置配色方案，选中图表，执行【设计】→【更改颜色】→【单色】→【单色调色板 5】命令，如图 3-14 所示。

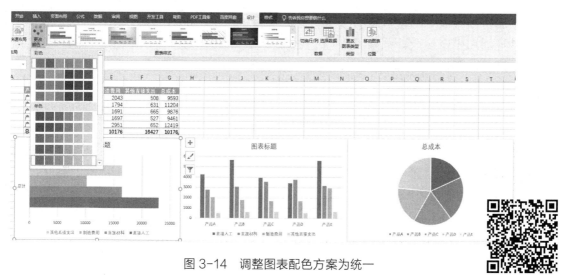

图 3-14　调整图表配色方案为统一

（5）设置 3 张图表标题，对图表元素进行调整，然后将其放置到合适的位置，生成可视化看板，效果如图 3-15 所示。

图 3-15　产品生产成本分析可视化看板

3.2　生产管理分析与可视化

生产管理是对企业生产系统的设置和运行的各项管理工作的总称，又称生产控制。其内容包括如下几项：① 生产组织工作。即选择厂址、布置工厂、组织生产线、实行劳动定额和劳动组织,设置生产管理系统等。② 生产计划工作。即编制生产计划、生产技术准备计划和生产作业计划等。③ 生产控制工作。即控制生产进度、生产库存、生产质量和生产成本等。

3.2.1 班组产量对比

例 3-6 某生产线各班组生产数据如表 3-5 所示,要求使用可视化动态图表动态对比不同产品各班组的产量。

表 3-5 某生产线各班组生产数据

班组	产品 A	产品 B	产品 C	产品 D	产品 E
1 班组	777	241	417	112	510
2 班组	366	127	625	769	176
3 班组	376	341	154	491	759
4 班组	547	564	831	783	539
5 班组	853	265	434	378	353

分析:在第 2 章中介绍了两种制作动态图表的方法,分别是函数和数据透视表,这里使用函数来制作动态图表。

操作步骤如下:

(1)打开"例 3-6"工作簿,选中 A2:F8 单元格区域,执行【公式】→【定义的名称】→【根据所选内容创建】命令,在弹出的对话框中勾选【首行】复选框,如图 3-16 所示。

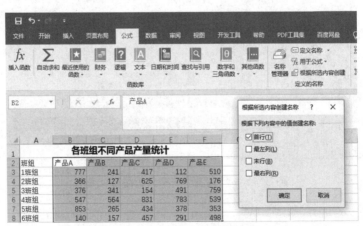

图 3-16 自定义名称

(2)选中 H1 单元格,执行【数据】→【数据工具】→【数据验证】命令,弹出【数据验证】对话框,在【设置】选项卡的【允许】下拉列表框中选择【序列】选项,在【来源】文本框中选择数据表的 B2:F2 单元格区域,实现下拉选择 6 个班组的效果,如图 3-17 所示。

图 3-17　数据验证

（3）创建新名称，指向 H1 选择的车间名称对应的数值区域。

在【公式】选项卡的【定义的名称】组中单击【定义名称】按钮，在弹出的对话框中设置【名称】为"产量数据"，在【引用位置】文本框中输入公式"=INDIRECT(SHEET1!$H$1)"，如图 3-18 所示。

图 3-18　新建名称

（4）选中 A2:B8 单元格区域，执行【插入】→【图表】→【插入柱形图或条形图】→【簇状柱形图】命令，创建产品 A 的各班组产量数据柱形图，如图 3-19 所示。

（5）完成系列名称设置。

在图 3-19 的柱形图表上单击鼠标右键，在弹出的快捷菜单中执行【选择数据】命令，在弹出的【选择数据源】对话框中单击【编辑】按钮，弹出【编辑数据系列】对话框，在【系列名称】文本框中输入公式"=Sheet1!$H$1"，在【系列值】文本框中输入公式"=Sheet1!产量数据"，如图 3-20 所示。

图 3-19　插入柱形图

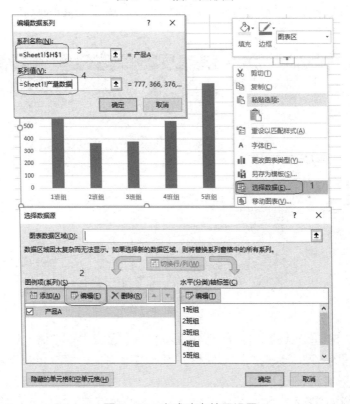

图 3-20　完成动态效果设置

（6）最终实现的效果如下：在 G1 单元格下拉列表中选择 5 个产品中的任意一个，柱形图表会自动变为该产品各班组的产量数据。从而实现了动态图表，如图 3-21 所示。

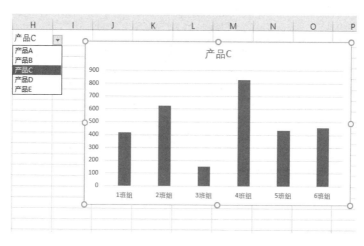

图 3-21　动态图表效果

3.2.2　班组效率统计

1. 相关知识及素材

生产效率是指固定投入量下，制程的实际产出与最大产出的比率。生产效率既可反映出达成最大产出、预定目标或最佳营运服务的程度，也可衡量经济个体在产出量、成本、收入，或是利润等目标下的绩效。其影响因素如图 3-22 所示。

图 3-22　生产效率影响因素

综合效率＝产出工时/投入工时×100%＝标准总工时/出勤总工时×100%。

作业效率＝产出/投入＝标准总工时/（出勤总工时−异常工时−借出工时＋借入工时）×100%。

说明：

（1）表 3-6 所示为某班组上半年生产工时数据。

表 3-6　某班组上半年生产工时数据

月份	1 月	2 月	3 月	4 月	5 月	6 月
出勤工时（h）	11 880	29 241	33 660	27 386	25 890	17 790
异常工时（h）	957.6	2 368	2 546	980.1	1 166	642
标准总工时（h）	8 306.9	18 653.5	28 847.4	22 409.4	25 283.3	17 974.4
借入工时（h）	0	0	0	0	0	0
借出工时（h）	0	0	0	56	8	264

（2）1—2 月为生产调整期，效率偏低，从 3 月开始逐步通过拉线调整、人员培训和强化 7S 及管理、车间物流布局、物料配送改善和机种品质及效率检讨。企业 6 月 14 日发布的 ZT599N 生产线改造效果对比如表 3-7 所示。

表 3-7　企业 6 月 14 日发布的 ZT599N 生产线改造效果对比

项目	改善前	改善后	效果对比
生产节拍（秒）	240	205.7	-34.3
实际产能（台/时）	15	17.5	2.5
作业人数（人）	12	10.0	-2
UPPH（台/时·人）	1.25	1.8	0.5
效率提升率	40%		

（3）上年度全年综合效率为 77%，作业效率为 84%。

2. 例题

例 3-7　根据以上素材，对数据进行清洗、整合、计算，计算出该班组 1—6 月的生产综合效率与作业效率，并根据数据特点制作可视化图表，根据图表分析趋势及产生趋势的原因。

分析：根据给出素材，需要根据表 3-6 中的数据计算出综合效率和作业效率，并根据上年度全年综合效率及作业效率进行对比。表 3-7 给出了生产改造的情况分析，可以和说明文字部分结合，分析效率变化的原因。

操作步骤如下：

（1）创建 Excel 工作簿，将表 3-6 中的数据录入，在表格中增加 4 行数据，分别是"综合效率""作业效率""综合效率提升""作业效率提升"，再增加"合计"一列。

（2）根据素材给出的公式，在 B7、B8、B9、B10、H2 单元格的对应位置输入图 3-23 所示的公式，横向填充 B7～B10 中的公式至 H7～H10，然后执行【开始】→【数字】→【百分比】命令，设置该区域百分比小数位为 0。纵向填充 H2 公式至 H6。至此，数据清洗、加工工作完成。

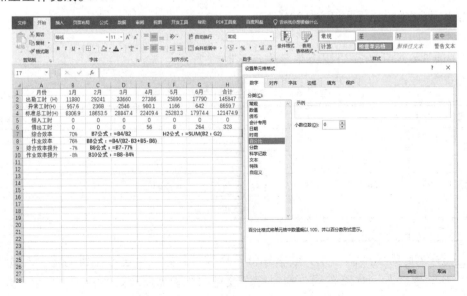

图 3-23　录入数据和公式完善数据源

（3）对表格格式进行设置，橙色部分为新增的加工后数据，效果如图 3-24 所示。

	A	B	C	D	E	F	G	H	I
	月份	1月	2月	3月	4月	5月	6月	合计	
1									
2	出勤工时（H）	11880	29241	33660	27386	25890	17790	145847	
3	异常工时(H)	957.6	2368	2546	980.1	1166	642	8659.7	
4	标准总工时(H)	8306.9	18653.5	28847.4	22409.4	25283.3	17974.4	121474.9	
5	借入工时	0	0	0	0	0	0	0	
6	借出工时	0	0	0	56	8	264	328	
7	综合效率	70%	64%	86%	82%	98%	101%	83%	
8	作业效率	76%	69%	93%	85%	102%	106%	89%	
9	综合效率提升	-7%	-13%	9%	5%	21%	24%	6%	
10	作业效率提升	-8%	-15%	9%	1%	18%	22%	5%	
11									

图 3-24　加工后数据表

（4）利用综合效率和作业效率数据制作 1—6 月生产效率对比图表，因为这里不但要对比百分比的大小，还要反映数据变动的趋势，所以，选用折线图进行可视化展示。选中标题行，以及"综合效率""作业效率"行，执行【插入】→【图表】→【插入折线图或面积图】→【折线图】命令，如图 3-25 所示。为增强变动的幅度显示，将坐标轴的刻度最小值由 0 调整为 0.6（即 60%）。

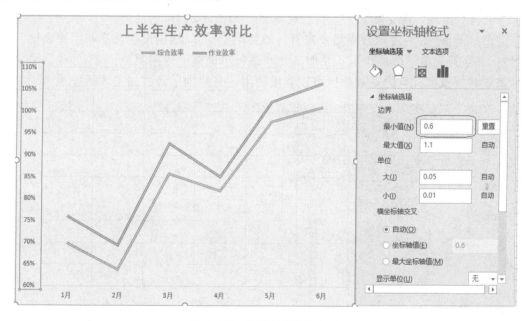

图 3-25　生产效率对比图表

（5）利用综合效率提升和作业效率提升数据制作 1—6 月对比上年生产效率提升图表，因为这里的数据有正有负，所以，选用柱形图来进行可视化展示。选中标题行和"综合效率提升"及"作业效率提升"行，执行【插入】→【图表】→【插入柱形图或条形图】→【簇状柱形图】命令，如图 3-26 所示。为增强视觉效果，这里去掉图表中的网格线。

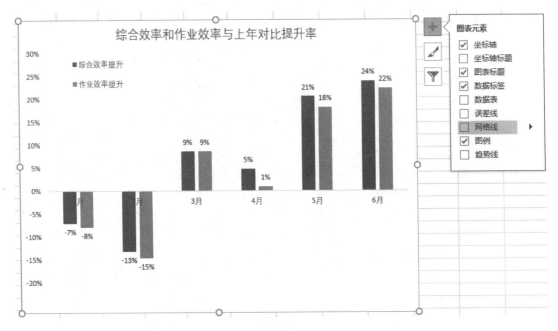

图 3-26　生产效率数据与上年度对比提升率图表

（6）将数据表、两张图表生成可视化看板，如图 3-27 所示。

结论：① 1—6 月生产效率稳步提升，趋势明显；② 根据文字说明和相关表格，公司针对 1—2 月效率下降的情况，及时对生产进行了调整，效果明显；③ 可视化需要大量的基础数据支撑，有的基础数据可以直接使用，有的则是经过加工才能使用。

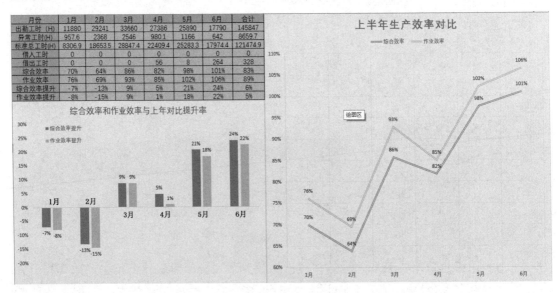

图 3-27　生产效率可视化看板

3.2.3 产品合格率统计

1. 相关知识和素材

产品合格率简称合格率，是指符合质量标准的产品数量在合格品、次品、废品总数中所占的百分比。产品合格率是反映产品生产质量的重要指标。

素材说明：表 3-8 和表 3-9 所示分别为某企业第一季度和第二季度的生产数据。该企业的业绩考核系统规定，产品合格率达 90% 以上属于优秀，80%～89% 属于良好，80%以下需要警告。

表 3-8 某企业第一季度生产数据

单位：个

	产品 1	产品 2	产品 3	产品 4	产品 5	合计
订购数量	3 300	8 000	4 800	8 500	6 400	31 000
合格数量	3 100	7 200	4 300	7 700	6 300	28 600
返厂	75	600	210	500	90	1 475
报损	125	200	290	300	10	925

表 3-9 某企业第二季度生产数据

单位：个

	产品 1	产品 2	产品 3	产品 4	产品 5	合　计
订购数量	5 500	4 300	5 800	6 600	4 000	26 200
合格数量	4 100	3 200	4 600	5 500	3 700	21 100
返厂	275	500	350	500	290	1 915
报损	1 125	600	850	600	10	3 185

2. 例题

例 3-8 根据素材表格和文字说明，制作可视化分析图表，分析该公司上半年各产品合格率，并根据企业考核规定体现产品合格率所处等级。

分析：根据所给素材，需要先计算出产品的合格率，再根据合格率分析其所处等级。合格率是百分数，可以使用柱形图或者折线图，还可以直接使用条件格式进行区分。

操作步骤如下：

（1）将表 3-8 和表 3-9 中的数据进行清洗、整理，并录入 Excel 中，为了在可视化图表中体现合格率所处等级，给表格添加警戒线、良好线、优秀线各一行，将合格率插入对应的行，如图 3-28 所示，本例中，合格率＝合格数量/订购数量。

（2）选中 A1:F1、A4:F4、A7:F10 单元格区域，执行【插入】→【图表】→【推荐图表】命令，弹出【插入图表】对话框，在【所有图表】选项卡中选择【组合】选项，按照图 3-29 所示设置图表类型，以体现合格率所处等级。

图 3-28　数据整理后录入表格

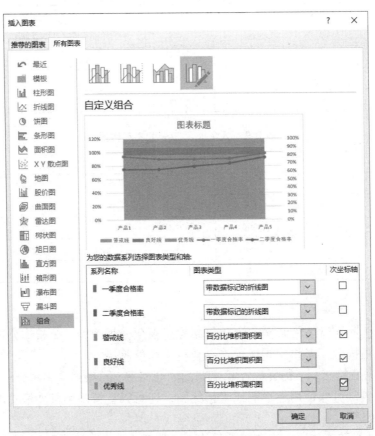

图 3-29　设置组合图表类型

（3）设置图表主坐标轴和从坐标轴的起始坐标都为 0.7，如图 3-30 所示，设置图表标题，对百分比堆积面积图进行颜色设置，完成图表的制作，如图 3-31 所示。

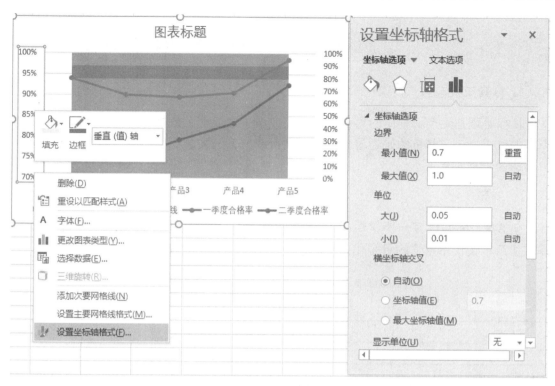

图 3-30　对坐标轴起始值进行设置

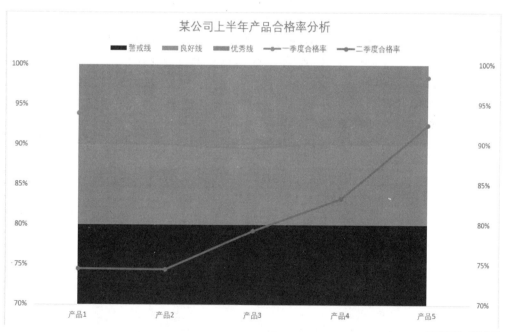

图 3-31　某公司上半年产品合格率可视化分析

 ## 3.2.4　目标完成率统计

1. 背景知识

目标管理是生产管理中的重要环节，完成率（达成率）分析是生产数据分析中经常要做的分析之一，其目的是通过分析达成情况或完成进度，抓住问题、寻找偏差，进而分析原因，及时更正。

2. 例题

例 3-9　表 3-10 所示为某车间 12 月生产计划和实际完成情况表，该车间严格执行订单式生产，请使用合适的可视化图表展示各产品生产进度达成率。

表 3-10　某车间 12 月生产计划和实际完成情况表

单位：个

	产品 1	产品 2	产品 3	产品 4	产品 5	合计
计划生产数量	3 300	8 000	4 800	8 500	6 400	31 000
实际完成数量	3 100	7 024	2 727	6 097	5 323	30 101

分析：Excel 自带的图表中没有专门用来体现达成率或完成进度的图表，需要在基本图表的基础上，通过设计或变形，从而实现展示达成率的效果。由于本例中明确按照订单生产，所以，不存在超额生产的情况，只考虑小于 100% 的数据展示方法。综上，本例通过多层圆环图来模拟一个"跑道图"，完成数据的可视化展示。

操作步骤如下：

（1）对表 3-10 中的数据进行加工，加入"目标完成率"一行，计算方法为目标完成率＝实际完成数量/计划生产数量，公式为"=B3/B2"，为了展示效果，在"目标完成率"下面再添加一个"辅助行"，公式内容为"=1-B4"。计算结果如图 3-32 所示。

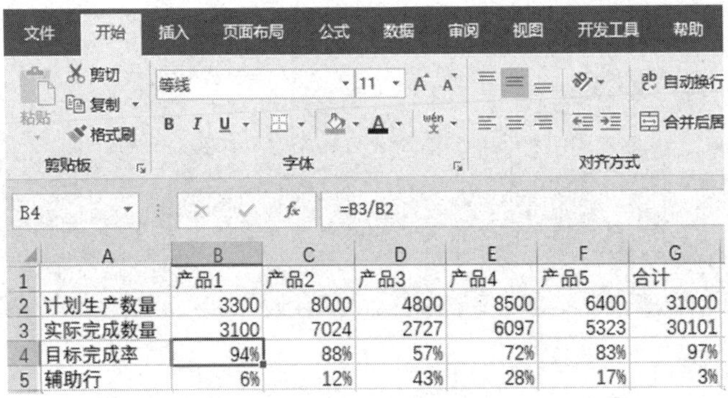

图 3-32　经过加工后的数据源表

（2）插入圆环图。选中 A1:F1，A4:F5 单元格区域，单击【插入】→【图表】→【插入饼图或圆环图】→【圆环图】，选中生成的图表，执行【图表设计】→【切换行/列】

命令，如图 3-33 所示。

图 3-33　插入圆环图

（3）设置圆环格式。将【圆环图内径大小】设置为"46%"，依次选中 5 个圆环的"辅助列"部分，选择"无填充""无线条"单选按钮，设置数据标签为"系列名称""值""图例项标示"，如图 3-34 所示。

图 3-34　设置圆环格式

（4）将辅助列数据标签删除，移动数据标签至恰当、美观的位置，设置背景色等美化图表，最终效果如图 3-35 所示。

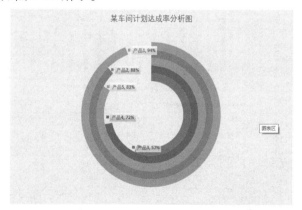

图 3-35　达成率可视化分析图

 ### 3.2.5 周期管理报表

报表是管理层了解部门生产情况的重要工具。报表周期有日报、周报、月报等，一般周期都是固定的，例如，某一个月或某几个月，利用动态图表制作动态展示某部分数据的图表。

例 3-10 某企业年度生产数据如表 3-11 所示，要求在可视化窗口中动态显示用户指定个数的月生产数据图表。

表 3-11　某企业年度生产数据

月份	1 月	2 月	3 月	4 月	5 月	6 月	7 月	8 月	9 月	10 月	11 月	12 月
产量/个	98	50	75	93	73	68	95	33	66	56	30	60
合格率	83%	80%	88%	88%	89%	81%	83%	93%	97%	86%	81%	94%

分析：带控件的动态图表可以实现题目的需求，使用滚动条来实现动态的不固定数目的月数据图表。表中数据均为数值对比，有绝对值对比，也有占比对比，这里选用柱形图＋折线图组合来实现可视化展示。

操作步骤如下：

（1）制作组合图表，选中数据区域，执行【插入】→【图表】→【推荐的图表】命令，弹出【插入图表】对话框，在【所有图表】选项卡中选择【组合】→【簇状柱形图-次坐标轴上的折线图】选项，如图 3-36 所示。

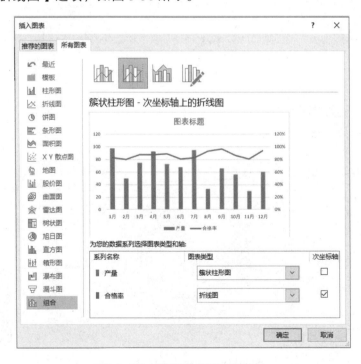

图 3-36　制作组合图展示数据

（2）执行【开发工具】→【控件】→【插入】→【滚动条控件】命令，如图 3-37 所示，单击右键，在弹出的快捷菜单中执行【设置控件格式】命令，在弹出的【设置控件格式】对话框中将【最小值】设置为"1"，【最大值】设置为"12"，【步长】设置为"1"，【页步长】设置为"10"，【单元格链接】设置为"$O$1"，单击【确定】按钮，如图 3-38 所示。此时的滚动条只与 O1 单元格建立了链接，并没有和图表建立链接。

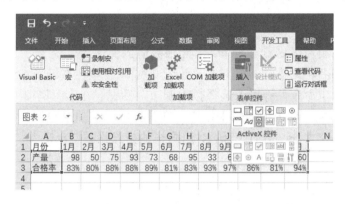

图 3-37　插入滚动条控件

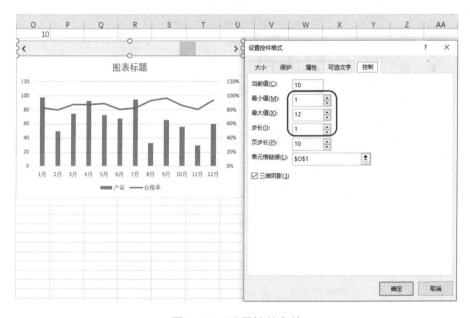

图 3-38　设置控件参数

（3）使用 OFFSET 函数定义两个名称。

第一个名称为产量。执行【公式】→【定义名称】命令，在弹出的【新建名称】对话框的【名称】文本框中输入"月份"，在【引用位置】文本框中输入公式"=OFFSET(Sheet1!$A$2,0,1,1,Sheet1!$O$1)"，公式的含义是以 A1 为基点，向右偏移 0 行 1 列到 B2，从 B2 开始的列数为 O1，行数为 1 的区域，该区域将随着 O1 数量的变化而变化。使用同样的方法加入第二个名称为合格率，公式为"=OFFSET(Sheet1!$A$3,0,1,1,Sheet1!$O$1)"，如图 3-39 所示。

图 3-39　定义区域名称

以上两个名称引用区域都随着 O1 单元格数值的变化而改变。

（4）在图表和名称之间建立链接，在图标区域单击鼠标右键，在弹出的快捷菜单中执行【选择数据...】命令，弹出【选择数据源】对话框，在【图例项（系列）】选项组中勾选【产量】复选框，单击【编辑】按钮，在弹出的【编辑数据系列】对话框的【系列值】文本框中输入公式"=sheet1!产量"，用同样的方法设置"合格率"数据源，如图 3-40 所示。

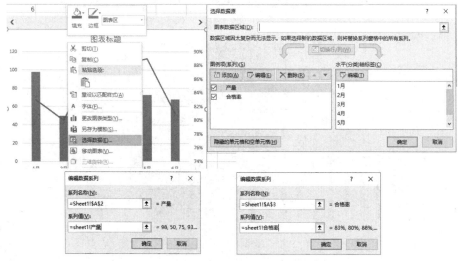

图 3-40　在图表和自定义数据区域之间建立链接

（5）完成效果如图 3-41 所示。

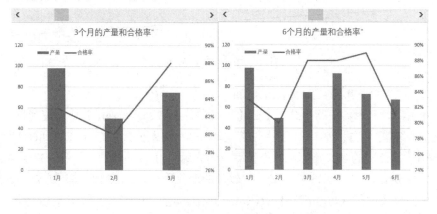

图 3-41　由滚动条控件控制图表显示数据数量

3.3　综合实验

实验 1

1. 实验目标

某生产线共有 3 个班组，上半年生产数据如表 3-12 所示，请选择合适的可视化图表展示 5 个班组上半年的生产情况对比，同时显示各班组各月的产量对比。

表 3-12　某生产线上半年生产数据

单位：个

	1 月	2 月	3 月	4 月	5 月	6 月
A 组	139	151	136	115	162	172
B 组	190	102	109	150	129	162
C 组	197	153	187	166	137	105

2. 实验内容

根据多层次的比例数据展示，引入一种新的数据图表——树状图，树状图是用于展现有群组、层次关系的比例数据的一种分析工具。树状图通过矩形的面积、排列和颜色来显示复杂的数据关系，并具有群组、层级关系展现功能，能够直观体现同级之间的比较。树状图提供数据的分层视图，树分支表示为矩形，每个子分支显示为更小的矩形。树状图按颜色和距离显示类别，可以轻松显示其他图表类型很难显示的大量数据。

3. 实验步骤

（1）使用 Excel 制作树状图表，要求数据源必须按层级录入，不能是表 3-12 所示的行列二维表形式，对表格数据进行清洗、转换后如图 3-42 所示。

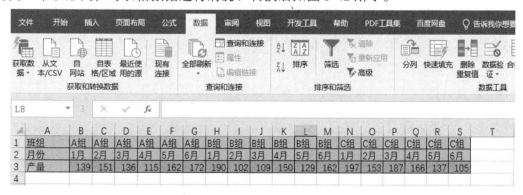

图 3-42　按班组分组数据

（2）选中数据区域 B1:S3，执行【插入】→【图表】→【插入层次结构图表】→【树状图】命令，如图 3-43 所示。

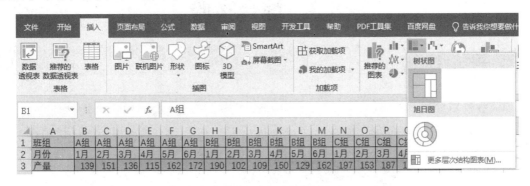

图 3-43　制作树状图

（3）对树状图进行格式设置，最终效果如图 3-44 所示。

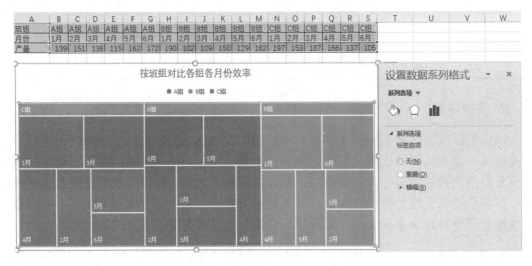

图 3-44　按班组对比各组各月份班组效率

（4）在树状图中，占比最高的分组排在最左侧，按照从左向右、从上向下的顺序依次排列。

实验 2

1. 实验目标

对表 3-12 中的数据进行清洗，整理后，按月份对比班组效率，并使用树状图生成可视化图表。

2. 实验内容

进一步理解不同维度整理数据的分析方法，学会从不同角度分析数据。

3. 实验步骤

请读者自主完成。

3.4 思考与练习

一、填空题

1. 在 Excel 中，B3:F6 表示引用了（　　　）个单元格。

2. Excel 中工作簿的默认扩展名为（　　　）。

3. 在 Excel 中输入等差数列，可以先输入第一、第二个数列项，接着选定这两个单元格，再将鼠标指针移动到（　　　）上，按一定方向进行拖动即可。

4. Excel 2016 中的工作簿是由（　　　）组成的，而工作表是由（　　　）组成的。

5. 在 Excel 2016 中，默认情况下，文字在单元格中（　　　）对齐。

6. 在 Excel 中，根据生成的图表所处位置的不同，可以将其分为（　　　）和（　　　）。

7. 在 Excel 单元格中输入公式时，应在表达式前输入一个前缀字符（　　　）。

8. 在 Excel 中设定 A1 单元格数字格式为整数，当输入 44.53 时，显示为（　　　）。

9. 在 Excel 单元格中输入单词 TRUE 时，默认的对齐方式是（　　　）。

10. Excel 文档以文件形式存于磁盘中，其默认的扩展名为（　　　）。

二、选择题

1. 在 Excel 中，当前工作表上有一个人事档案数据列表（包含编号、姓名、年龄、部门等字段），如欲查询部门的平均年龄，以下最合适的方法是（　　　）。

A. 排序　　　　　　　B. 筛选　　　　　　　C. 数据透视表　　　D. 建立图表

2. 在 Excel1 中关于列宽的描述，不正确的是（　　　）。

A. 可以用多种方法改变列宽

B. 列宽可以调整

C. 不同列的列宽可以不一样

D. 同一列中不同单元格的宽度可以不一样

3. 在 Excel1 中设置两个条件的排序目的是（　　　）。

A. 第一排序条件完全相同的记录以第二排序条件确定记录的排列顺序

B. 记录的排列顺序必须同时满足这两个条件

C. 先确定两列排序条件的逻辑关系，再对数据表进行排序

D. 记录的排序必须符合这两个条件之一

4. 要在单元格中输入数字字符 00123，下列正确的是（　　　）。

A. "00123"　　　　　　B. ＝00123　　　　　　C. 00123　　　　　　D. ' 00123

5. 在 Excel1 中建立一个数据列表时，以下说法不正确的是（　　　）。

A. 最好让每一数据列表独占一个工作表

B. 一个数据列表中不得有空列，但可以有空行

C. 最好不要把其他信息放在列表占据的行上

D. 最好把列表的字段名行作为窗格冻结起来

6. 若在某一工作表的某一单元格中出现错误值"#value"，可能的原因是（　　　）。

A. 使用了错误的参数或运算对象类型，或者公式自动更正功能不能更正公式

B. 单元格所含的数字、日期或时间比单元格宽，或者单元格的日期时间公式产生了一个负值

C. 公式中使用了 Excel 2000 不能识别的文本

D. 公式被零除

7. 假设当前工作簿最多可打开 8 个工作表，此时再插入一个工作表，其默认工作表名为（　　　）。

A. Sheet0　　　　　B. Sheet(9)　　　　　C. Sheet9　　　　　D. 自定

8. 希望只显示数据清单"学生成绩表"中计算机文化基础课成绩大于或等于 120 分的记录，可以使用（　　　）命令。

A. 查找　　　　　B. 全屏显示　　　　　C. 自动筛选　　　　　D. 数据透视表

9. 下面叙述错误的是（　　　）。

A. 工作簿以文件形式存在磁盘上，工作表是不单独存盘的

B. 工作表以文件的形式存在磁盘上

C. 一个工作簿可以同时打开多个工作表

D. 一个工作簿打开和默认工作表数可以由用户自定，但最多不超过 255 个

10. 在单元格中输入公式 8×6 的方法，下面的说法中正确的是（　　　）。

A. 先输入一个单引号'，然后输入＝8*6

B. 直接输入＝8*6

C. 先输入一个双引号"，然后输入＝8*6

D. 用鼠标单击编辑栏中的＝，然后输入＝8*6

三、简答题

1. 在 Excel 中，单元格有几种引用方式？分别会对单元格产生什么影响？

2. 生产成本包括哪些组成部分？

3. 生产综合效率和作业效率有何区别？

四、思考与提高

请课外阅读相关数据，了解数据可视化结构与布局。

第4章
商品销售情况分析

↘ 本章导读

本章将系统介绍怎样利用 Excel 对商品销售情况进行分析与可视化，通过对商品销售额、商品销售量、商品利润、商品价格等的分析及可视化的展示，读者可以较好地掌握商品销售额环比、区域商品销售额对比、商品销售额目标达成率分析、按类别分析销售量、销售量与销售人员相关性、商品利润率、商品价格变化趋势等分析的方法。其结果可帮助企业及时洞察市场动向，发现企业销售过程中的问题，从而快速了解市场需求、针对性地配送货品、主动调货、预测市场需求、计算安全库存、提前追单补货、提前进行促销（调价）、调整营销战略等，这样就可以有效占领市场，从而实现利益最大化。

本章学习导图

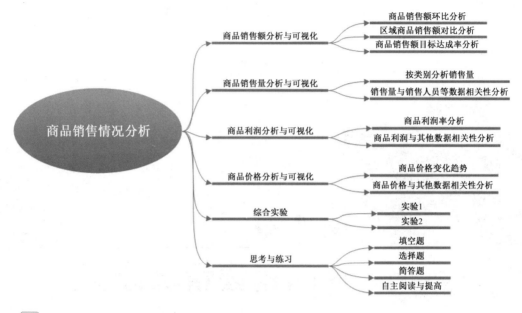

职业素养目标

数据分析及可视化是数据处理过程的重要一环,培养数据分析处理人才的职业素养,要求数据分析过程科学严谨、求真务实。根据大数据国家战略、数据分析人才稀缺,围绕爱国、责任、敬业三大元素,在家国情怀层面提升学生对党、国家和民族的认同,使学生懂责任、勇担当,培养学生的敬业爱岗精神。具体案例如淘宝、京东等平台利用大数据分析用户的购物喜好,并向用户推荐商品的操作,突出强调我国电子商务的快速发展,特别是农村电子商务的快速发展,带动了乡村振兴,实现了全面脱贫,让学生感受到祖国的日益强盛,增强学生爱国情怀。培养数据分析人才具有"科学分析、实事求是"的精神品质。

随着互联网大数据时代的发展,数据作为一种新型生产要素,已经和土地、劳动力、资本、技术等并列成为企业重要的生产力之一。企业经营其实简单来说就是做买卖,有了买卖自然就产生了销售数据,那么,如何让这些销售数据产生价值呢?答案就是数据分析。通过对销售数据的分析,可以帮助企业及时洞察市场动向,发现企业销售过程中的问题,调整营销战略。

在实际分析过程中,很多企业在解读销售数据上存在很大的问题。很多企业以为销售数据分析就是将月度、年度销售数据统计汇总,然后简单对比,得出结论,这样数据分析只能描述表层的现象,无法深入发现问题。销售数据分析主要是从整体销售额、利润分析、产品线、价格体系 4 个角度出发进行分析。在动手分析前,要先了解销售数据包含哪些数据。以零售企业为例,销售数据一般包括销售日期、销售区域、销售地点、经销商、渠道分类、产品系列、产品名称、产品价格、销售额、销售数量等数据。

4.1 商品销售额分析与可视化

销售额的分析指标包括销售增长率（环比、同比）、销售达成率等。

4.1.1 商品销售额环比分析

1. 相关知识：同比增长率和环比增长率

与历史同时期比较，例如，2015 年 7 月与 2014 年 7 月相比，称为同比。

与上一统计段比较，例如，2015 年 7 月与 2015 年 6 月相比，称为环比。

环比增长率＝（本期数−上期数）/上期数×100%，反映本期比上期增长了多少。

同比增长率＝（本期数−同期数）/同期数×100%，指和去年同期相比的增长率。

注意，这里对比的时期长度一定要保持一致。

2. 例题

例 4-1　表 4-1 所示为某企业 2021—2022 年各月销售额数据，请利用可视化工具展示 2022 年各月销售数据对比。

表 4-1　某企业 2021—2022 年各月销售额数据

单位：元

	1 月	2 月	3 月	4 月	5 月	6 月	7 月	8 月	9 月	10 月	11 月	12 月
2021 年	917	690	870	812	710	984	871	892	769	908	900	985
2022 年	675	768	992	804	955	892	810	971	702	856	849	863

分析：要对各月数据进行对比，需要使用增长率数据，但表中并没有直接给出增长率数据，需要进行计算后才能使用。要对比数据，常用的方法是使用柱形图和折线图，这里有数据和比率两个方面，可以使用组合图来全面展示数据。

操作步骤如下：

（1）对表 4-1 中的数据进行整理、录入，在 Excel 中加入"同比增长率"和"环比增长率"两行。"环比增长率"的计算公式为"=(C3-B3)/B3"，需要注意，1 月的环比增长率应该和上年 12 月的进行比较，因此，公式为"=(B3-M2)/M2"。同比增长率公式为"=(B3-B2)/B2"，数据录入完成效果如图 4-1 所示。

（2）选中数据区域，执行【插入】→【图表】→【推荐的图表】命令，在弹出的对话框中选择【所有图表】→【组合】→【簇状柱形图 - 次坐标轴上的折线图】选项，将【同比增长率】和【环比增长率】设置为"折线图"，并设置在次坐标轴上，如图 4-2 所示。

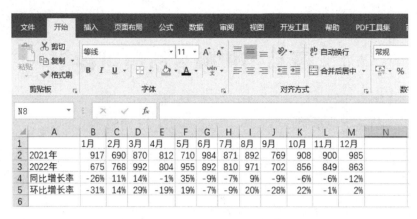

图 4-1　加工后 2021—2022 年各月份销售数据

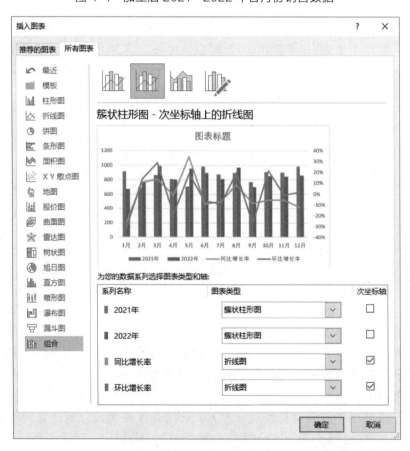

图 4-2　为数据选择图表类型

（3）生成图表后，发现图表有些杂乱，经分析，在比较同比增长率数据时，由于已经有了同比增长率数据，所以，2021 年的数据并不需要显示在图表中，在图表上单击鼠标右键，在弹出的快捷菜单中选择【选择数据】命令，弹出【选择数据源】对话框，在【图例项（系列）】选项组中取消勾选【2021 年】复选框，如图 4-3 所示。

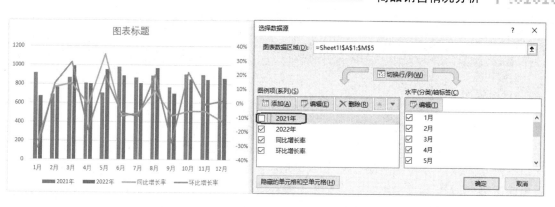

图 4-3　将 2021 年的数据从图表中删除

（4）为突出环比增长率和同比增长率的显示效果，将次坐标轴【最小值】调至"-1.2"，同时，增加一行辅助行"零增长"，标识次坐标轴的 0 刻度线，将其使用步骤（3）中的方法加入图表，如图 4-4 所示。最终可视化效果如图 4-5 所示。

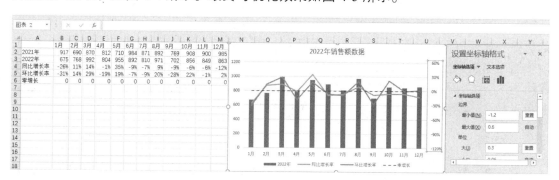

图 4-4　调整图表设置

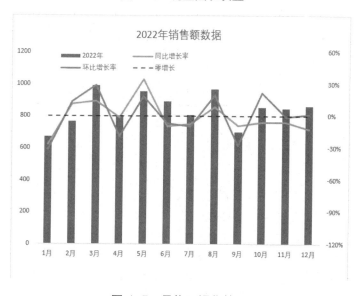

图 4-5　最终可视化效果

4.1.2　区域商品销售额对比分析

1. 相关知识

（1）销售数据的区域分析包括以下部分。

① 区域分布：分析企业的销售区域及各区域的表现，检索重点区域、发现潜在市场，提出客户下阶段区域布局策略。② 重点区域分析：对重点区域的营销状况予以重点分析，解析该区域的发展走势和结构特点，为未来在重点区域的发展提供借鉴。③ 区域销售异动分析：对增长或者下跌明显的区域予以重点分析，总结经验教训，以期避免潜在的威胁或者抓住机会。④ 区域—产品分析：将重点区域的产品结构进行时间上的横向对比，进行多要素复合分析。

（2）Excel 数据透视表与切片器。

① 数据透视表是一种交互式的表，可以进行某些计算，如求和与计数等。所进行的计算与数据透视表中的排列有关。之所以称为数据透视表，是因为可以动态地改变它们的版面布置，以便按照不同方式分析数据，也可以重新安排行号、列标和页字段。每次改变版面布置时，数据透视表会立即按照新的布置重新计算数据。另外，如果原始数据发生更改，那么可以更新数据透视表。② 切片器是一个筛选器，与在图表中选择筛选的效果一样。不同的是，它可以链接多个透视表或透视图。

2. 例题

例 4-2　表 4-2 所示为某企业 2022 年部分销售额数据明细，请以此数据创建动态可视化图表，展示指定地区的各月份销售额数据。

表 4-2　某企业 2022 年部分销售额数据明细

地区	日期	类别	数量（件）	销售额（元）
成都	2022/1/1	长裤	5	861
重庆	2022/1/1	长 T	5	1 805
杭州	2022/1/1	长 T	3	1 203
杭州	2022/1/1	长裤	2	854
重庆	2022/1/1	T 恤	5	549
重庆	2022/1/1	长裤	4	382
重庆	2022/1/1	长 T	4	998
重庆	2022/1/1	长 T	5	1 851
成都	2022/1/1	T 恤	5	1 541

分析：动态图表通常使用函数或数据透视图来创建，这里的数据特点是明细单，所以，比较适合先使用数据透视表对数据进行清洗整理，然后使用切片器进行动态分类。

操作步骤如下：

（1）创建数据透视图，选中数据表后，执行【插入】→【图表】→【数据透视图】命令，弹出【创建数据透视图】对话框，保持默认设置，如图 4-6 所示。

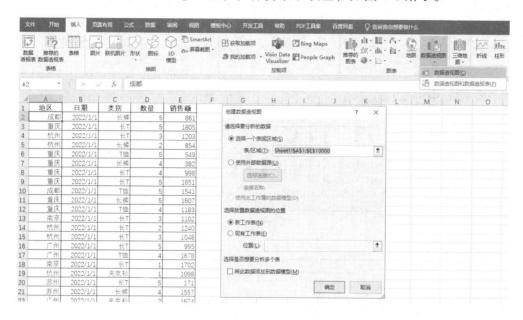

图 4-6　【创建数据透视图】对话框

（2）设置数据透视图字段，在新建的数据透视图工作表【数据透视图字段】窗格中，依次勾选【日期】【销售额】复选框作为图表的数据源，如图 4-7 所示。

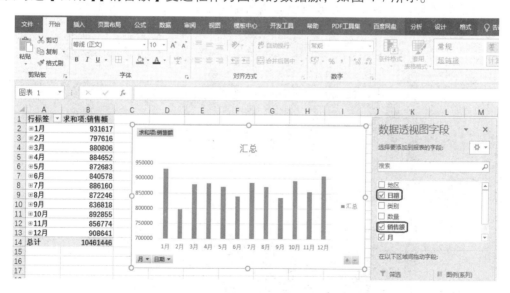

图 4-7　设置数据透视图

（3）插入切片器，选中图表，执行【分析】→【插入切片器】命令，在弹出的【插入切片器】对话框中勾选【地区】复选框，如图 4-8 所示。

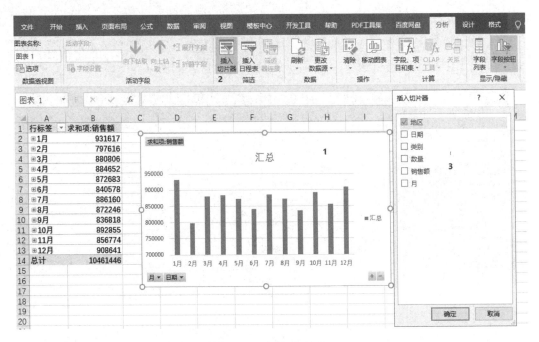

图 4-8　插入切片器

（4）设置数据透视表格式，在图表区删除图例，在柱形图上单击鼠标右键，在弹出的快捷菜单中执行【设置数据系列格式】→【系列选项】命令，设置【间隙宽度】为 60%，设置图表标题为"全年分区域销售额对比"，最终效果如图 4-9 所示。在右侧切片器上单击不同的区域，数据区和图表区会自动切换至选择区域。图 4-9 所示中的上半部分为成都全年销售额数据，下半部分为苏州全年销售额数据。

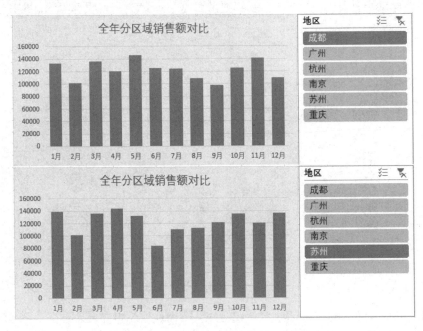

图 4-9　动态可视化区域销售额月份对比

4.1.3 商品销售额目标达成率分析

1. 例题

例 4-3 某企业 1—6 月销售额数据如表 4-3 所示，用图表展示 1-6 月实际销售额与目标销售额的对比情况，要求直观反映实际销售额与目标销售额的差距，清晰展示目标达成率的具体数值。

表 4-3 某企业 1—6 月销售额数据

单位：元

月份	1 月	2 月	3 月	4 月	5 月	6 月
计划销售额	90 000	100 000	95 000	88 000	91 000	96 000
实际销售额	80 000	92 000	90 125	90 000	89 300	86 369

分析：根据数据特点和分析目标，可以选用温度计型的柱形图或条形图，另外，目标达成率需要通过公式计算才能实现。

操作步骤如下：

（1）加工数据。为数据区域加入一行，并命名为"目标达成率"，公式为"=B3/B2"，将其所在单元格区域格式设置为百分比格式，如图 4-11 所示。

（2）插入条形图。选中数据区域，执行【插入】→【图表】→【插入柱形图或条形图】→【簇状条形图】命令，如图 4-10 所示。注意，由于达成率的数值非常小，所以，在图表上几乎看不见。

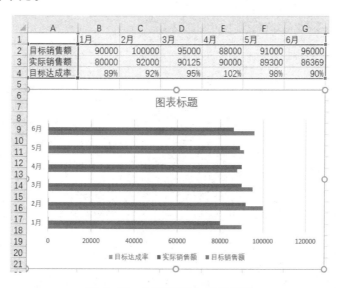

图 4-10 加工数据生成条形图

（3）添加数据标签。如图 4-11 所示，单击图表右上角的【图表元素】→【数据标签】→【数据标签外】选项，为所有数据添加标签，注意，本例中只使用达成率数据，因此，将实际销售额和目标销售额标签删除。

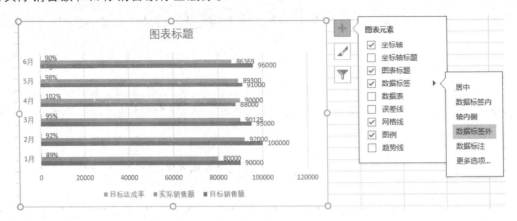

图 4-11　设置图表数据标签

（4）设置"目标销售额"数据系列格式，实现温度计效果。选中"目标销售额"数据系列，打开【设置数据系列格式】对话框，在【系列选项】选项组中将【系列重叠】设置为"100%"，将【间隙宽度】设置为"80%"，将【填充】设置为"无填充"，将【边框】设置为"实线"，将【颜色】设置为"蓝色"，将【宽度】设置为"1.75 磅"，如图 4-12 所示。

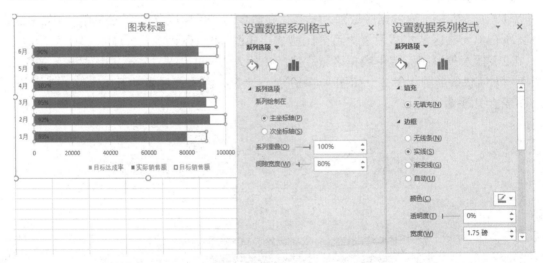

图 4-12　设置"目标销售额"数据系列格式

（5）设置"实际销售额"数据系列格式。选中"实际销售额"数据系列，打开【设置数据系列格式】→【系列选项】，将【系列重叠】设置为"100%"，将【间隙宽度】设置为"120%"，操作方法及结果如图 4-13 所示。

（6）完成其他设置。选中横坐标轴，打开【设置坐标轴格式】，设置【边界】→【最大值】为"100 000"，删除次要坐标轴，将模板达成率图例删除，将其他图例移至绘图区右上角，将数据标签移至数据系列右侧，操作方法及结果如图 4-14 所示。

（7）设置标题，填充图表区底色，具体操作在前面的实例都已详细讲述过，这里不再赘述，最终效果如图 4-15 所示。

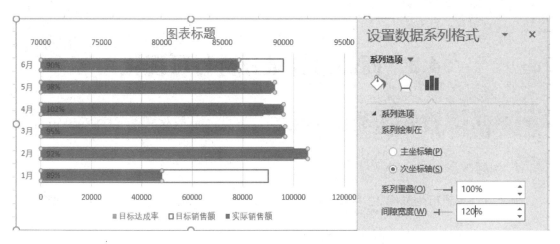

图 4-13 设置"实际销售额"数据系列格式

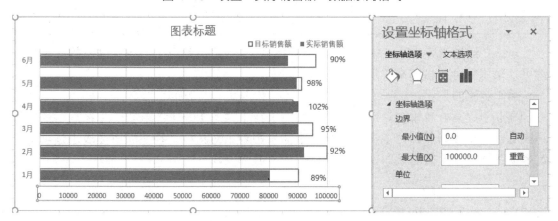

图 4-14 设置其他图表元素格式

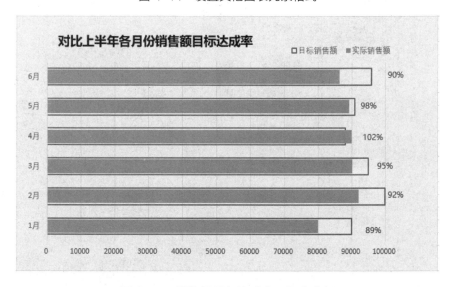

图 4-15 销售额目标达成率可视化分析

4.2　商品销售量分析与可视化

4.2.1　按类别分析销售量

1. 例题

例 4-4　某超市生鲜组 12 月销售数据如表 4-4 所示，请分析各产品销售量贡献率。

表 4-4　某超市生鲜组 12 月销售数据

产品类别	水果	蔬菜	海鲜	冷冻食品	猪肉	牛肉	羊肉
销售量（吨）	883.1	530.04	443.06	267.25	63.09	36.36	26.93

分析：通过观察表 4-4 中的数据可发现，后 3 种产品都属于肉类，这时的贡献率比较可以采用复合条饼图来实现可视化展示。

操作步骤如下：

（1）创建复合条饼图。选中数据区域，执行【插入】→【图表】→【插入饼图或圆环图】→【更多饼状图...】命令，弹出【插入图表】对话框，在【所有图表】选项卡中选择【饼图】→【复合条饼图】选项，如图 4-16 所示。

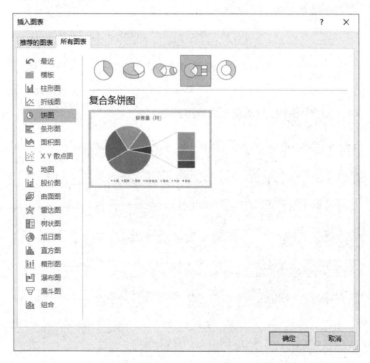

图 4-16　创建复合条饼图

（2）设置数据系列格式。如图 4-17 所示，在图表上单击鼠标右键，在弹出的【设置数据系列格式】对话框中选择【系列选项】，设置【系列分割依据】为"百分比值"，设置【值小于】为"10%"，此处设置的含义如下：为了避免占比小于 10% 的类别在饼图中几乎不能显示，将其放在饼图之外的条图中单独说明。继续设置【饼图分离】为"5%"，【间隙宽度】为"200%"，【第二绘图区大小】为"80%"。

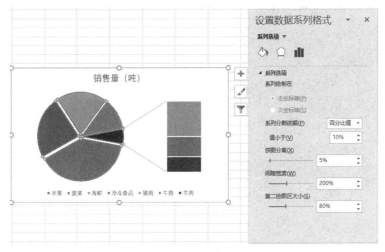

图 4-17　设置图表数据系列格式

（3）设置数据标签。将图例删除，单击图表右侧的 ➕ 按钮，执行【图表元素】→【数据标签】→【更多选项…】命令，弹出【设置数据标签格式】对话框，在【标签包括】选项组中勾选【类别名称】和【百分比】复选框，在【标签位置】选项组中选择【居中】单选按钮，如图 4-18 所示。

图 4-18　设置数据标签

（4）数据图表制作完成。设置图表标题、图表区底色等，操作过程不再赘述，最终效果如图 4-19 所示。

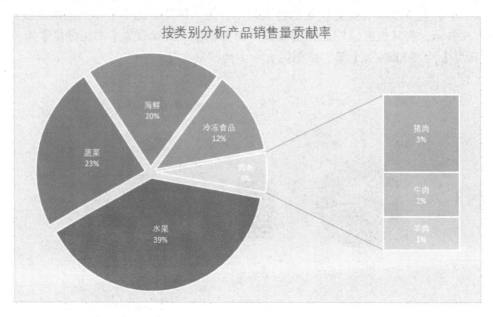

图 4-19　复合饼图展示销售贡献率

4.2.2　销售量与销售人员等数据相关性分析

1. 相关知识

VLOOKUP 函数是 Excel 中的一个纵向查找函数，该函数最常用的功能是按列查找，最终返回所需查询列序对应的值；也可以用于核对数据，在多个表格之间快速导入数据。

VLOOKUP 函数的语法如下：

VLOOKUP(lookup_value,table_array,col_index_num,range_lookup)

参数说明如表 4-5 所示。

表 4-5　参数说明

参数	简单说明	输入数据类型
lookup_value	要查找的值	数值、引用或文本字符串
table_array	要查找的区域	数据表区域
col_index_num	返回数据在查找区域的第几列数	正整数
range_lookup	模糊匹配/精确匹配	True（或不填）/False

2. 例题

例 4-5　表 4-6 所示为某部门 9 名员工在 1—6 月的销售量数据，请使用动态可视化图表展示不同员工 1—6 月的销售情况，能够显示不同月份的销售量差距，明确显示每人 1—6 月的销量的平均值。

表 4-6　某部门 1—6 月员工销售量数据

员工姓名	1 月	2 月	3 月	4 月	5 月	6 月
张春玲	142	86	103	133	166	200
胡雪欣	175	75	89	158	134	84
马晓丹	68	145	64	90	116	170
李龙福	179	140	134	93	198	130
王东升	191	55	178	101	80	70
赵少平	107	183	152	153	159	95
郭海峰	182	150	171	152	138	133
杨倩倩	197	102	139	108	69	145
周建峰	200	80	195	167	138	172

分析：如果分别为 9 名员工制作 9 张表，则过于烦琐，将员工姓名由列表控件来控制动态图表，这样只需要制作一张带平均线的柱形图即可。

操作步骤如下：

（1）设置人员姓名的下拉列表。选中 C12 单元格，执行【数据】→【数据工具】→【数据验证】命令，弹出【数据验证】对话框，在【设置】选项卡的【允许】下拉列表框中选择【序列】选项，【来源】设置为公式"=$A$2:$A$10"，如图 4-20 所示。

图 4-20　设置下拉列表

（2）设置动态数据区域。在 B14:H16 设置图 4-21 所示的动态区域，手动输入标题行和标题列，在 C15:H15 中输入 VLOOKUP 公式，VLOOKUP 的参数意义参照表 4-5，这里对本例中的公式简单解释一下。VLOOKUP($C$12,$A$2:$G$10,2,0)的含义是在 A2:G10 单元格区域中查找 C12 单元格中的值，如果找到了，则返回单元格所在行的第二列数据。在 B16:H16 中添加一列可视化辅助行用于显示平均线，在其中输入 AVERAGE 函数，如图 4-21 所示。

C15:=VLOOKUP($C$12,$A$2:$G$10,2,0)　D15:=VLOOKUP($C$12,$A$2:$G$10,3,0)

E15:=VLOOKUP($C$12,$A$2:$G$10,4,0)　F15:=VLOOKUP($C$12,$A$2:$G$10,5,0)

G15:=VLOOKUP($C$12,$A$2:$G$10,6,0)　H15:=VLOOKUP($C$12,$A$2:$G$10,7,0)

C16:H16公式 ==AVERAGE($C$15:$H$15)

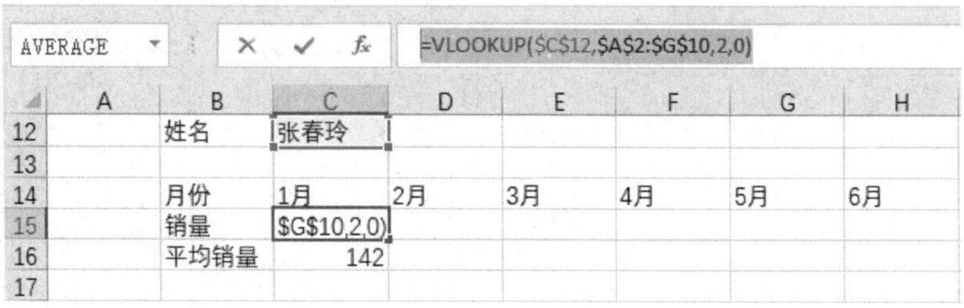

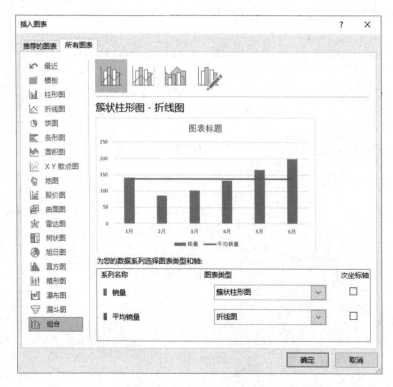

图 4-21　设置动态数据区域

（3）创建带平均线的柱形图。这里使用带折线的柱形图，具体创建过程不再赘述，如图 4-22 所示。

图 4-22　创建带平均线的柱形图

（4）设置平均线线型，调整图例位置即可完成，只要在 C12 单元格下拉列表中选择人员姓名，动态数据区域和图表中会显示选中人员的销售情况对比，最终效果如图 4-23 所示。图表中姓名的显示使用文本框来实现，具体方法不再赘述。

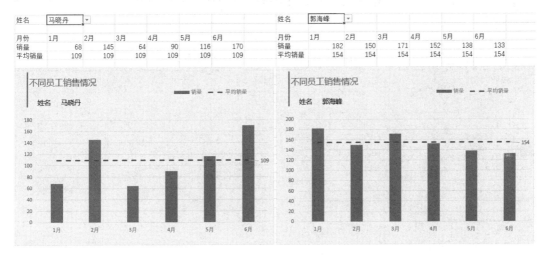

图 4-23　动态展示员工销售情况图表

4.3　商品利润分析与可视化

利润分析是以一定时期的利润计划为基础，计算利润增减幅度，查明利润变动原因和提出增加利润的措施等工作。通过利润分析可促进企业改善经营管理、挖掘内部潜力、厉行增产节约、降低产品成本、提高利润水平。利润分析包括利润总额分析和利润率分析。

其中，利润总额分析是指以本期实际利润总额与计划相比，考察利润总额计划的完成情况。与上年同期相比，考察利润总额的增长速度，分析利润总额中各构成部分的变动情况，包括产品销售利润分析、其他销售利润分析和营业外收支分析。利润率分析则指对产品的成本、价格、税率和结构的变动进行分析，找出利润率指标变动的原因，并采取措施，提高利润水平。

4.3.1　商品利润率分析

1．相关知识

（1）利润率（毛利）＝（销售收入-销售成本）/ 销售收入。

（2）利润率分析的目的如下：① 寻找提升利润的空间。在销售额恒定的情况下，调整销售结构，多做高毛利品种来替代低毛利品种。② 及时发现各经营环节的问题。及时发现具体品种（厂商）的异常毛利率，进一步寻求解决办法。

2. 例题

例 4-6 表 4-7 所示为某企业的部分销售数据明细,在不改动原表的情况下,请根据表中数据统计 1—9 月总销量和总销售额及每月的利润率,分析利润和销量及销售额变化的相关性。

表 4-7 某企业部分销售数据明细

销售月份	产品规格	销售数量（个）	销售额（元）	成本（元）
01 月	2201A	81	207 964	57 017
01 月	2202A	26	231 713	108 092
01 月	2201A	18	316 245	77 795
01 月	2202A	50	300 884	108 092
02 月	2203A	60	207 964	195 838
02 月	2203A	69	212 389	199 165
02 月	2203A	1	141 592	185 463
02 月	2203A	90	215 712	199 191
02 月	2204A	84	111 504	185 827
……	……	……	……	……

分析:明细表必须经过数据清洗、加工才能使用,因此,需要先使用数据透视表统计每月的汇总数据。本题要求不改动原表,因此,利润率的计算只能放在数据透视表中进行计算,这里需要用到数据透视表的“添加计算项”功能。

操作步骤如下:

（1）生成数据透视表。使用“例 4-6”工作簿中的数据生成数据透视表,参数设置如图 4-24 所示。

图 4-24 生成数据透视表

（2）在数据透视表内添加利润率字段。数据透视表创建完成后,不允许手工更改或移动数据透视表值区域中的任何数据,也不能在数据透视表中插入单元格或添加公式进

行计算。如果需要在数据透视表中执行自定义计算，必须使用"添加计算字段"或"添加计算项"功能。选定数据透视表任意单元格后，如图 4-25 所示，执行【分析】→【计算】→【字段、项目和集】→【计算字段】命令，弹出【插入计算字段】对话框，在【名称】文本框中输入"利润率%"，在【公式】文本框中输入"＝（销售额–成本）/销售额"，然后单击【添加】按钮，为数据透视表添加利润率计算字段。将新增字段数据格式设置为百分比数字格式。

图 4-25　为数据透视表添加计算字段

（3）创建数据透视图。为了让图表更能凸显出重点数据，取消勾选【数据透视图字段】对话框中的【销售数量】复选框，然后插入透视图，图表类型选择【带折线的柱形图】，如图 4-26 所示。

图 4-26　创建数据透视图

（4）设置数据图表格式。为柱形图设置温度计效果，反映成本占比情况，设置方法如图 4-27 所示，隐藏图中所有字段列表，调整图例位置，为利润率添加数据标签。操作方法不再赘述。

（5）为图表添加标题、设置底色等，最终效果如图 4-28 所示。

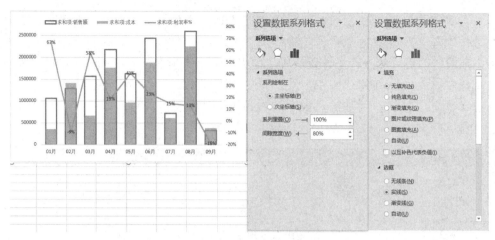

图 4-27　设置数据图表格式

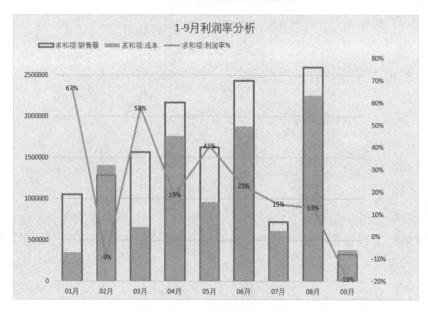

图 4-28　销售数据汇总

4.3.2　商品利润与其他数据相关性分析

1. 相关知识

前面的例子中，商品利润仅与销售量及产品成本相关，在实际销售中，影响利润的因素有很多，如商品的销售成本（如损耗、促销费用等）、税金等因素，需要综合考量。

2. 例题

例 4-7　表 4-8 所示为某企业上半年月度销售表，请分析商品利润率随表中字段变化的相关性。

表 4-8　某企业上半年销售表

单位：元

	销售收入	物料成本	销售费用	税金
1 月	10 243	7 622	318	375
2 月	12 510	6 565	600	361
3 月	13 308	6 501	414	305
4 月	15 785	6 906	564	493
5 月	16 893	7 948	419	343
6 月	19 230	8 421	301	584

分析：可使用组合图表进行相关性分析，表 4-8 中给出的参数较多，需要用公式计算利润及利润率。利润＝销售收入-物料成本-销售费用-税金，利润率＝利润/销售收入。

操作步骤如下：

（1）清洗、加工数据。在表中添加两列，分别是"利润"和"利润率"，如图 4-29 所示。

利润的计算公式为"=B2-C2-D2-E2"，利润率的计算公式为"=F2/B2"。

	A	B	C	D	E	F	G
1		销售收入	物料成本	销售费用	税金	利润	利润率
2	1月	10243	7622	318	375	1928	19%
3	2月	12510	6565	600	361	4984	40%
4	3月	13308	6501	414	305	6088	46%
5	4月	15785	6906	564	493	7822	50%
6	5月	16893	7948	419	343	8183	48%
7	6月	19230	8421	301	584	9924	52%

图 4-29　数据加工

（2）制作多组数据图表，对比分析利润与多种因素相关性，如图 4-30 和图 4-31 所示。

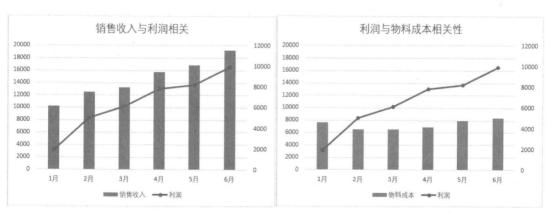

图 4-30　利润分析（一）

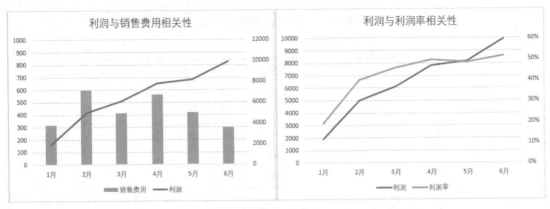

图 4-31　利润分析（二）

（3）分析结果。可以看出，① 利润随着销售收入的增长而增长，正相关；② 利润和物料成本及销售费用等成本并不明显相关，这说明企业的成本管理有一定的问题；③ 利润率随着利润的增长而增长。

4.4　商品价格分析与可视化

企业利润最重要的决定因素是价格，价格每上升一个数值，利润都有数倍的增长。这里的价格是指销售价格，很多人的理解误区是价格卖得越高，利润就越高。价格是由什么决定的呢？第一，价值决定价格；第二，供求关系决定价格；第三，竞争在一定程度上决定价格。除此之外，国家政策、消费者心理、地域、天气、生产条件的变化都会引起商品价格变化。

4.4.1　商品价格变化趋势

例 4-8　某产品 2022 年 1—9 月价格变动情况如表 4-9 所示，请使用可视化图表展示价格变动区间，将平均值上下的价格区分显示，自动标识最低价格和最高价格。

分析：数据很简单，要求很多，需要添加辅助列来实现。以平均线区分显示数据，可以使用渐变线来实现，在本例中还要实现随源数据增加而自动更新的动态图表。

操作步骤如下：

（1）加工、整理数据。如图 4-32 所示，在数据表中添加"最高线""最低线""平均线""高低点"，为方便后期添加数据，数据区域选择整个第二行，即 MAX(2:2)、MIN(2:2)、

表 4-9　某产品 2022 年 1—9 月价格变动情况

月份	1月	2月	3月	4月	5月	6月	7月	8月	9月
价格（元）	86	126	63	98	120	117	131	93	120

AVERAGE(2:2)。高低点的公式为"=IF(OR(B2=MAX(2:2),B2=MIN(2:2)),B2,#N/A)"（公式的意义如下：如果 B2 的值是第二行的最大值或最小值时，就显示 B2 的值；否则，显示"#N/A"，这里设置为"#N/A"的目的是在折线中不显示该数据点）。

	A	B	C	D	E	F	G	H	I	J
1		1月	2月	3月	4月	5月	6月	7月	8月	9月
2	价格	86	126	63	98	120	117	131	93	120
3	最高线	=MAX(2:2)	=MAX(2:2)	=MAX(2:2)	=MAX(2:2)	=MAX(2:2)	=MAX(2:2)	=MAX(2:2)	=MAX(2:2)	=MAX(2:2)
4	最低线	=MIN(2:2)	=MIN(2:2)	=MIN(2:2)	=MIN(2:2)	=MIN(2:2)	=MIN(2:2)	=MIN(2:2)	=MIN(2:2)	=MIN(2:2)
5	平均线	=AVERAGE(2:2)	=AVERAGE(2:2)	=AVERAGE(2:2)	=AVERAGE(2:2)	=AVERAGE(2:2)	=AVERAGE(2:2)	=AVERAGE(2:2)	=AVERAGE(2:2)	=AVERAGE(2:2)
6	高低点	=IF(OR(B2=MAX(	=IF(OR(C2=MAX(	=IF(OR(D2=MAX(	=IF(OR(E2=MAX(	=IF(OR(F2=MAX(	=IF(OR(G2=MAX(	=IF(OR(H2=MAX(	=IF(OR(I2=MAX(	=IF(OR(J2=MAX(

图 4-32　加工、整理数据

（2）制作价格趋势图。插入图表，打开图 4-33 所示的对话框，将【高低点】数据系列的【图表类型】设置为【带数据标记的折线图】，其他系列设置为【折线图】，完成图表插入。

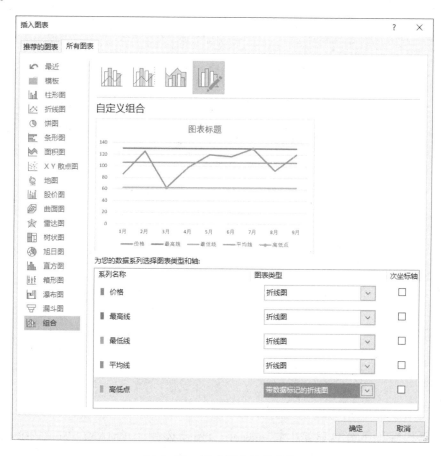

图 4-33　制作组合价格趋势

（3）设置折线格式。选中价格线，将线条设置为 1.75 磅。分别选中最高线、最低线、平均线，均设置为 1.25 磅，将【线端类型】设置为"圆点型"，最后设置【高低点】，将【线条】设置为"无线条"，将【数据标记选项】设置为"内置"，将【大小】设置为"8"，将【颜色】设置为"红色"，如图 4-34 和图 4-35 所示。

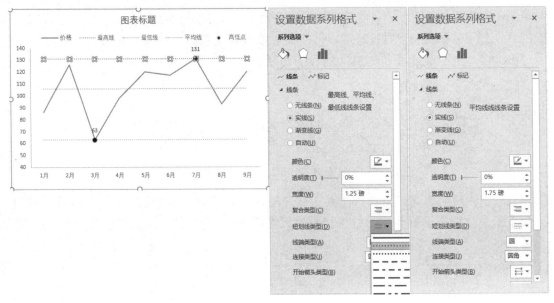

图 4-34　设置价格、最高线、最低线、平均线格式

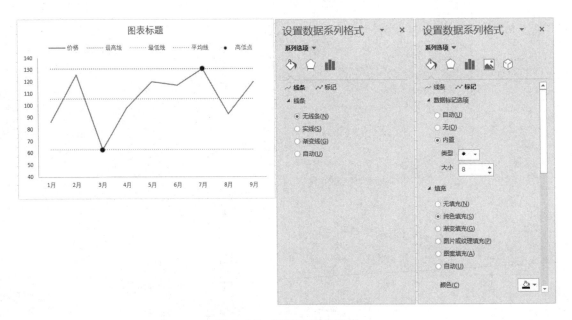

图 4-35　设置高低点格式

（4）平均线上下分色显示。在 Excel 中使用公式"=(MAX(2:2)-AVERAGE(2:2))/(MAX(2:2)-MIN(2:2))"计算出渐变光圈位置为 38%，选中平均线，在图 4-36 所示的对话框中进行设置。

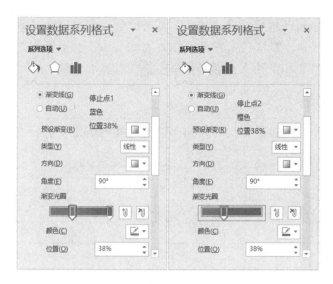

图 4-36　设置平均线上下分色显示效果

（5）设置完成。完成其他美化设置，设置标题、图例、底色等，最终效果如图 4-37 所示。

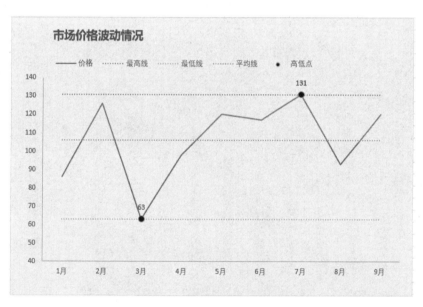

图 4-37　市场价格波动情况

4.4.2　商品价格与其他数据相关性分析

1. 相关知识和素材

猪粮比，通俗说就是生猪价格和作为生猪主要饲料的玉米价格的比值。按照我国相关规定，当生猪价格和玉米价格的比值为 6.0:1 时，生猪养殖基本处于盈亏平衡点。猪

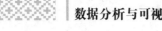

粮比越高，说明养殖利润越好，反之越差。两者比值过大或过小都不正常。

在生猪生产过程中，饲料成本占养猪成本的 60%以上，而饲料中很大一部分来自粮食，因此，粮食的产量和价格直接影响生猪生产的数量和价格。

2. 例题

例 4-9　利用表 4-10 中的数据分析猪肉价格和猪粮比之间的相关性。

表 4-10　2022 年部分猪肉价格相关数据

	第 32 周	第 33 周	第 34 周	第 35 周	第 36 周	第 37 周	第 38 周	第 39 周	第 40 周	第 41 周	第 42 周	第 43 周
猪肉价格（元）	17.43	17.81	17.93	18.12	18.9	19.35	20.32	20.8	20.8	20.58	20.18	19.68
猪粮比	7.64	7.77	7.81	7.93	8.42	8.65	9.06	9.1	8.84	8.63	8.38	8.1

——数据来自农业农村部畜牧兽医局

分析：可以使用折线图进行相关性分析，也可以使用散点图。

操作步骤如下：

（1）使用带折线的柱形图进行分析。使用数据创建带折线的柱形图，如图 4-38 所示，可见，猪肉价格和猪粮比波动情况基本一致。

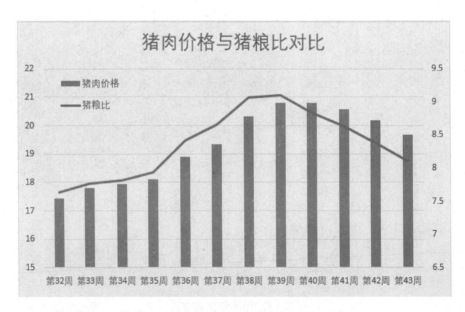

图 4-38　带折线的柱形图分析价格相关性

（2）使用散点图分析。散点图有一个重要参数——R^2，R^2 越接近 1，两个数值的线性相关性越大。使用表中数据创建散点图，注意不要选择列标题，否则会产生两个散点系列，无法分析。创建后的图表如图 4-39 所示，设置在图上显示趋势线和其公式和 R^2可以看到，$R^2=0.8039$，已经比较接近 1 了，说明猪肉价格和猪粮比是线性相关的。

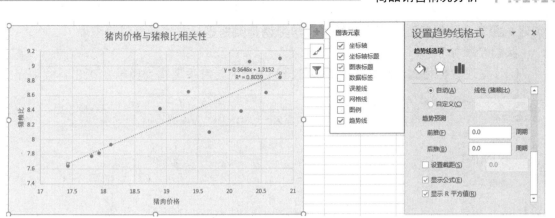

图 4-39　散点图分析价格相关性

4.5　综合实验

实验 1

1. 实验目标

例 4-10　表 4-11 所示为某公司 2022 年度销售额汇总表，需要以季度为分类制作柱形图，以季度为整体单独显示单位，使图表层级结构更加清晰。

表 4-11　某公司 2022 年度销售额汇总表

季度	月份	销售额（万元）
1 季度	1 月	69
	2 月	75
	3 月	73
2 季度	4 月	70
	5 月	71
	6 月	75
3 季度	7 月	79
	8 月	86
	9 月	83
4 季度	10 月	70
	11 月	66
	12 月	59

实验目的：柱形图展示层级数据对数据排列是有一定要求的，如果不做加工，直接

创建，图表会比较凌乱，可通过练习，学习调整数据显示方式后再创建图表。

实验步骤如下：

（1）整理数据格式。将数据重新调整排列方式，让每季度错列显示，如图4-40所示。

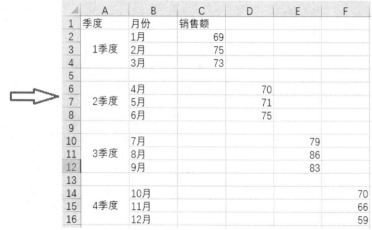

图4-40 整理数据格式

（2）制作柱形图。选中数据区域，执行【插入】→【图表】→【插入柱形图或条形图】命令，插入默认样式的柱形图。

（3）双击柱形图中数据系列的任意柱形，弹出【设置数据系列格式】对话框，在【系列选项】选项组中设置【系列重叠】为"100%"、【间隙宽度】为"40%"，如图4-41所示。

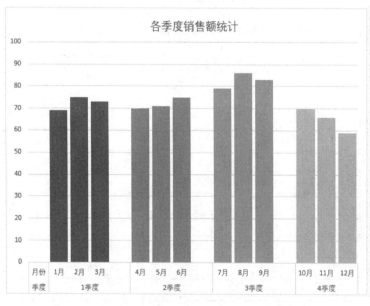

图4-41 设置【系列选项】

（4）完成设置，效果如图 4-42 所示。

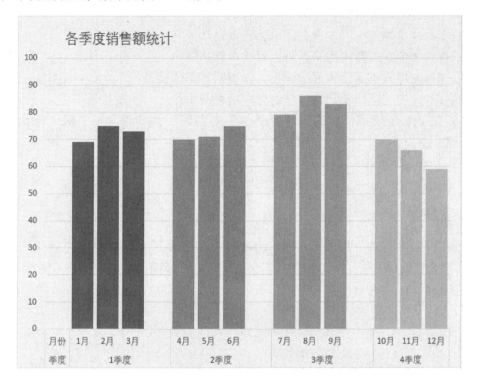

图 4-42　季度分类显示

实验 2

1. 实验目标

例 4-11　使用例 4-6 中的数据，将分类标准改为产品种类，其他要求同例 4-6。

2. 实验目的

掌握数据透视表制作字段分类，熟练使用温度计柱形图。

3. 实验步骤

请读者自主完成。

4.6　思考与练习

一、填空题

1. Excel 的（　　）是计算和存储数据的文件。

2. 工作表内的长方形空白，用于输入文字、公式的位置称为（　　　）。

3. 在 Excel 中，每个单元格最多可以容纳（　　　）字符。

4. 在 Excel 中输入（　　　）数据时，可以自动填充快速输入。

5. 在 Excel 中双击某单元格，可以对该单元格进行（　　　）工作。

6. 在 Excel 中双击某工作表标识符，可以对该工作表进行（　　　）操作。

7. 在 Excel 中，标识单元格区域的分隔符号必须用（　　　）符号。

8. 在 Excel 中使用鼠标将某单元格的内容复制到另一单元格中时，应同时按下（　　　）键。

9. 在 Excel 2016 中，选中整个工作表的快捷方式是（　　　）。

10. 在 Excel 2016 中，在某段时间内可以同时有（　　　）个当前活动的工作表。

二、选择题

1. 如果 Excel 工作表某单元格显示为#DIV/0，表示____。

A. 公式错误　　　　B. 格式错误　　　　　C. 行高不够　　　　D. 列宽不够

2. 单元格 D1 中有公式：=A1+B1+＄C1，若将 D1 中的公式复制到 E4 中，E4 中的公式为____。

A. =B4+C4+＄C4　　B. =B4+C4+＄D4　　C. =A4+B4+＄C4　　D. =A4+B4+C4

3. 输入能直接显示 1/2 的数据是____。

A. 1/2　　　　　　B. 0 1/2　　　　　　C. 0.5　　　　　　D. 2/4

4. Excel 工作表最底行为状态行，准备接收数据时，状态行显示____。

A. 等待　　　　　　B. 就绪　　　　　　C. 输入　　　　　　D. 编辑

5. 在 Excel 工作表的单元格 B2、C3 中输入数值 2 和 3。现在单元格 D4 中输入公式 =B＄2+C3，再将 D4 的公式复制到 D5、D6、D7，则 D5、D6、D7 的值为____。

A. 3,3,3　　　　　　B. 5,5,5　　　　　　C. 2,2,2　　　　　　D. 2,3,5

6. 在升序排列中____。

A. 逻辑值 True 和 False 分不出前后

B. 逻辑值 True 排在 False 之前

C. 逻辑值 False 排在 True 之前

D. 逻辑值 True 和 False 保持原来的秩序

7. 在 Excel 中，用工具栏上的【复制】按钮复制某区域内容时，若在粘贴时选择了一个单元格，则____。

A. 无法粘贴

B. 以该单元格为左上角，向下、向右粘贴整个单元格区域的内容

C. 以该单元格为左上角，向下、向左粘贴整个单元格区域的内容

D. 以该单元格为中心，向四周粘贴整个单元格区域的内容

8. 工作表被保护后，该工作表中单元格的内容、格式_____。

A. 可以修改　　　　　　　　　　　B. 不可修改、删除

C. 可以被复制、填充　　　　　　　D. 可移动

9. 在 Excel 中选定一个单元格后按【Del】键，则被删除的是____。

A. 单元格   B. 单元格中的内容

C. 单元格中的内容及格式   D. 单元格所在的行

10. 自定义序列可以用____来建立。

A.【工具】菜单中的【选项】命令   B.【编辑】菜单中的【填充】命令

C.【格式】菜单中的【自动套用格式】命令   D.【数据】菜单中的【排序】命令

三、简答题

1. 价格的决定因素有哪些？

2. 什么是环比增长率？什么是同比增长率？

3. 产品的利润率如何计算？利润和哪些因素相关？

4. 简单介绍一下 VLOOKUP 函数的用法，试举例说明。

四、自主阅读与提高

自主阅读：学习可视化视图的色彩配色相关知识。

提高：数据可视化中的色彩三要素和配色技巧。

第 5 章
商品库存数据分析

➤ **本章导读**

　　为盘活企业流动资金，加快资金周转，企业需要在保障供给的前提下，最大限度地降低压库资金。根据对我国众多制造业企业的库存管理情况所作的调查和参考有关资料，发现制造业企业在库存管理方面普遍存在"不能及时获得库存信息、库存信息不够准确、无法及时了解发料和生产用料情况"等。本章将系统介绍如何利用 Excel 对商品入库、库存和出库情况进行分析与可视化，以提高协同工作效率，保护敏感资料，深层挖掘业务数据并运用视觉效果展示。

本章学习导图

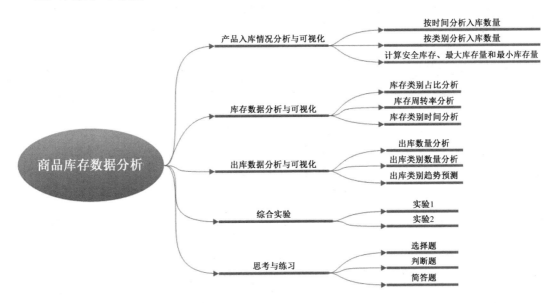

职业素养目标

生产管理、销售管理和库存管理是企业管理者重点关注的 3 个层面，其中，库存管理是企业管理（以制造业企业为例）的重要组成部分。在企业生产经营活动中，库存管理既需要保证生产车间对原材料和零部件的需求，又直接影响采购和销售部门的购销活动，对企业节约资金占用、减少商品损失、减少员工的工作量、反映企业的基础管理是否扎实、反映补货配送能力等方面均有重要的现实意义。通过对库存管理的重视，提高库存管理水平和掌握库存管理的分析方法，企业可以进行数据分析与可视化，全面反映企业的经营水平和存在的问题，并挖掘数据背后的价值，寻找影响企业运营数据效率的关键因素，以及各因素之间的相关或因果关系，在进行数据分析时，需要细心思考、实事求是、勇于开拓和自主创新。

5.1　产品入库情况分析与可视化

考虑到库存入库数据的散乱性，本章将大量采用数据透视图和透视图进行数据可视化展示。这样做的主要优点在于能够充分利用 Excel 强大的统计能力，对数据进行清洗、整合，以及分类统计。

5.1.1 按时间分析入库数量

1. 相关知识

库存管理的难点在于它关乎企业的生产和销售，因此，入库数据的管理是整个系统的关键点之一。某些生产原料的保存期很短，入库时间成为一个需要关注的重要指标。

2. 例题

例 5-1 表 5-1 所示为某企业仓库部分产品的入库数据，请对数据进行整理分类，按入库时间统计各产品入库数量，并用图表形式展现。

表 5-1 某企业仓库部分产品的入库数据

入库月份	01 月	01 月	01 月	01 月	02 月	02 月	02 月	02 月	02 月	02 月
产品规格	2201A	2202A	2201A	2202A	2203A	2203A	2203A	2203A	2204A	2205A
入库数量	81	26	18	50	60	69	1	90	84	60

分析：对制造企业而言，一件产品可能需要多个原料，一种原料也可能被多个产品使用，这意味着库存数据可能会很庞大，要从大量数据中筛选出满足要求的数据，最方便的方法就是使用数据透视表。

操作步骤如下：

（1）创建数据透视图。选中数据区域任意单元格，执行【插入】→【图表】→【数据透视图】命令，在弹出的【创建数据透视图】对话框中使用默认设置，创建一张新的工作表图表，如图 5-1 所示。

图 5-1 【创建数据透视图】对话框

（2）设置数据透视图字段。在新建的图表工作表的【数据透视图字段】窗格中勾选【产品规格】和【入库数量】复选框，作为统计项，如图 5-2 所示。

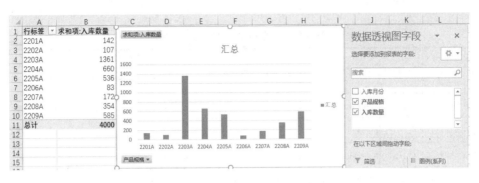

图 5-2　设置数据透视图字段

（3）插入切片器。执行【分析】→【插入切片器】命令，在弹出的对话框中勾选【入库月份】复选框作为分类标准，如图 5-3 所示。

（4）按时间展示入库数量。对图表设置标题和底色，效果如图 5-4 所示。

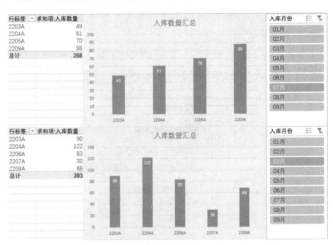

图 5-3　插入切片器　　　　　　图 5-4　按时间展示入库数量可视化图表

5.1.2　按类别分析入库数量

1. 相关知识

为了在库存管理中更好地进行精细化管理，对产品的入库信息登记要尽可能详细，特别对于一些特殊行业要求更多，例如，产品的生产厂家、出厂日期、批次编号、采购人员信息、采购部门信息等都要登记入表。

2. 例题

例 5-2　表 5-2 所示为某企业的部分入库信息表，请根据这些数据制作数据透视表，并分别按部门、业务员、供应商统计入库数量及占比情况。

表 5-2　某企业的部分入库信息表

存货编码	仓库	入库日期	入库单号	入库类别	部门	业务员	供应商	制单人	审核人	数量	单价（元）	单价（元）
GXGY023	半成品库	2021/1/1	0000000001	材料入库	采购部	秦胜利	上海照明公司	张健举	李美丽	200	41.88	8 376.07
GXGY024	半成品库	2021/1/1	0000000001	材料入库	采购部	秦胜利	上海照明公司	张健举	李美丽	100	23.93	2 393.16
QDJC022	半成品库	2021/2/20	0000000009	材料入库	采购部	秦胜利	天津气动有限公司	张健举	李美丽	20	18.8	376.07
qdjc023	半成品库	2021/2/20	0000000009	材料入库	采购部	秦胜利	天津气动有限公司	张健举	李美丽	1	330.77	330.77
QDJC028	半成品库	2021/2/20	0000000009	材料入库	采购部	秦胜利	天津气动有限公司	张健举	李美丽	20	12.82	256.41
SBCS001	半成品库	2021/2/16	0000000010	材料入库	市场部	杜拉拉	宁夏输送设备公司	张健举	李美丽	6	20 000	120 000

分析：使用明细表从多维度分析数据的关键在于选取合适的字段制作数据透视表，统计数量对比和占比也是常见的操作。

操作步骤如下：

（1）制作数据透视表。选中表中数据区域的任意单元格，执行【插入】→【表格】→【数据透视表】命令，如图 5-5 所示，使用默认设置创建数据透视表。

图 5-5　【创建数据透视表】对话框

（2）制作按不同维度分类的数据透视表。按照图 5-6、图 5-7 分别设置按业务员和采购部门分类显示月度入库数据。

（3）直接制作数据透视图分析供应商类别。回到源数据表，执行【插入】→【图表】→【数据透视图】命令，按照图 5-8 所示进行设置，图表类型选择【百分比堆积柱形图】。

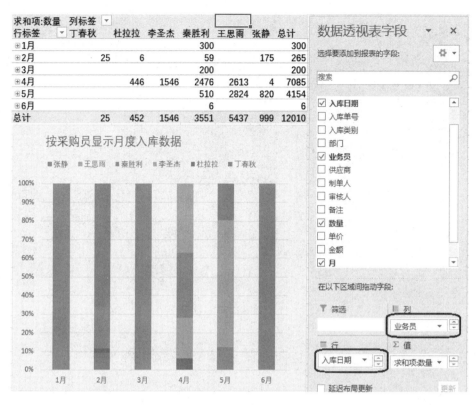

图 5-6　按采购员分类显示月度入库数据

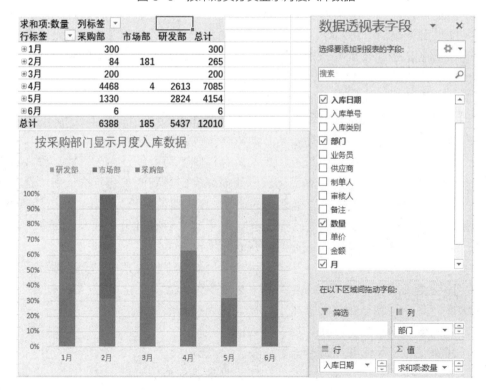

图 5-7　按采购部门分类显示月度入库数据

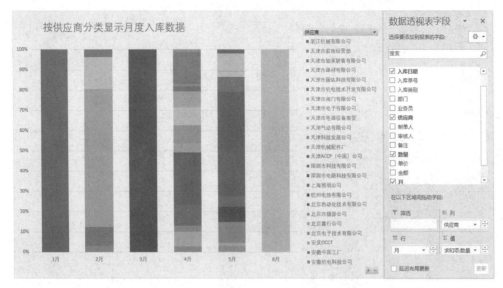

图 5-8　按供应商分类显示月度入库数据

5.1.3　计算安全库存、最大库存量和最小库存量

1. 相关知识

（1）安全库存。为了应对不确定性因素（如交货期突然延期、临时用量增加、交货误期、突发性设备故障等特殊原因），满足设备的日常维修备件需求，保证设备的正常运转和生产的顺畅，企业需要在采购周期内保持一定量的备品备件和其他消耗材料等物料的适量库存，这种库存被称为动态库存或安全存储量。

公式：安全库存＝日均需求量×紧急采购周期

日均需求量，指未来一段时间平均每天的需求数量。

紧急采购周期，是订货提前期各环节加急处理或特殊处理的时间总和。

（2）最大库存和最小库存。库存不足或库存过剩，都可能是由于订购、作业或保管上的疏忽所导致的。为了预防这种情况，一般需先设定必要的库存标准，即"最小库存量"和"最大库存量"。为了预防库存不足的情况，库存量的最低标准是"最小库存量（安全库存量）"。相对于此，为了避免库存过多，必要的库存标准是"最大库存量（库存上限数量）"。使用这两个标准来监控库存状况是很有必要的。

公式：最大库存量（成品）＝最高日生产量×最短交付天数＋安全系数/天

最小库存量（成品）＝最低日生产量×最长交付天数＋安全系数/天

最大库存量＝平均日销售（需求）量×最高库存天数

最小库存量＝安全库存＋采购提前期内的消耗量

最小库存量＝日销售量×到货天数＋安全系数/天

（3）安全库存不等同于最低库存。为了保证库存处于安全范围内，同时避免过多地积压成本，可以设定最低库存、安全库存和最高库存。最低库存可理解为针对确定性因

素和不确定性因素设定的库存，安全库存可理解为只针对不确定性因素设定的库存，最高库存可理解为针对积压成本而设置的库存点。

2. 例题

例 5-3　表 5-3 所示为某仓库 A 物料过去 12 周（3 个月）的实际用量和平均库存数据。经了解，A 物料的采购提前期是 10 天，紧急采购周期为 6 天，保质期为 30 天。试计算该物料的安全库存、最小库存量和最大库存量，并使用可视化视图展示该周平均库存所处水平。

表 5-3　某仓库 A 物料过去 12 周的实际用量和平均库存数据

	第 1 周	第 2 周	第 3 周	第 4 周	第 5 周	第 6 周	第 7 周	第 8 周	第 9 周	第 10 周	第 11 周	第 12 周
实际用量（千克）	34491	37739	32662	32659	33401	36285	39763	38557	36535	35571	33500	37241
平均库存（千克）	29564	59304	37328	83980	28629	67386	119289	143212	31316	121958	57429	69162

分析：题目需要大量的公式计算，将计算结果使用可视化视图进行展示，将数据放在坐标轴中进行展示并区分区间，之前的例题中采用了辅助行＋折线图这种方式，这里尝试使用散点图，看能否达到同样的效果。

操作步骤如下：

（1）完成相关计算。利用本节相关知识中的公式计算安全库存、最小库存量、最大库存量等数值并设置辅助行，如图 5-9 所示。这里需要说明：表中的平均值实际是预测值，因此，应该使用移动平均法或指数平滑进行计算，但计算方式过于复杂，这里直接使用 12 周的平均数代替。

	A	B	C	D	N	O
1		第1周	第2周	第3周	平均值	平均日需值
2	实际用量	34491	37739	32662	=AVERAGE(B2:M2)	=N2/7
3	平均库存	29563	59304	37328		
4	安全库存	=$O$2*6	=$O$2*6	=$O$2*6		
5	最大库存量	=$O$2*30	=$O$2*30	=$O$2*30		
6	最小库存量	=B4+$O$2*10	=C4+$O$2*10	=D4+$O$2*10		

	A	B	C	D	E	F	N	O
1		第1周	第2周	第3周	第4周	第5周	平均值	平均日需值
2	实际用量	34491	37739	32662	32659	33401	35700	5100
3	平均库存	29563	59304	37328	83980	28629		
4	安全库存	30600	30600	30600	30600	30600		
5	最大库存量	153001	153001	153001	153001	153001		
6	最小库存量	81601	81601	81601	81601	81601		

图 5-9　使用公式计算参数

（2）制作组合折线图展示库存水平。使用表中数据，注意不选"实际用量"一行，创建组合图表，在【插入图表】对话框中设置【平均库存】为"带数据标记的折线图"，其他系列选择【折线图】选项，如图 5-10 所示。

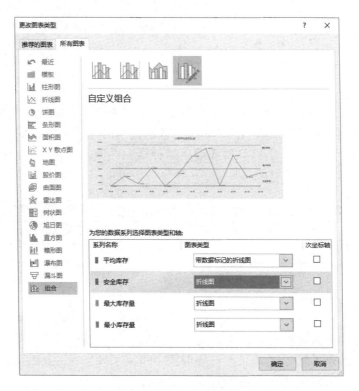

图 5-10　插入组合折线图

（3）完成图表制作。对图表元素进行美化设置，如图 5-11 所示。

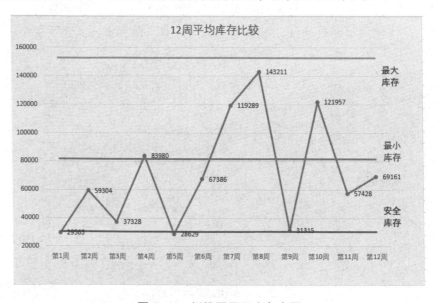

图 5-11　折线图展示库存水平

（4）制作散点图展示库存所处位置。散点图的主要作用是分析数据的分布范围，使用数据创建散点图，选择【带直线的散点图】，对图表元素进行修饰后的可视化视图如图 5-12 所示。

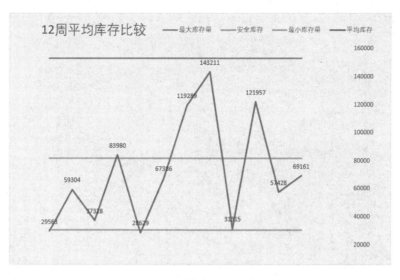

图 5-12　散点图展示库存所在位置

5.2　库存数据分析与可视化

　　企业需要定期对库存情况进行统计分析,掌握各类商品的库存数量和占用资金的情况,以及库存产品的有限期等数据,从而便于制订产品入库时间和出库营销方案。企业库存有库存金额和库存数量两种计算方式。

5.2.1　库存类别占比分析

　　例 5-4　表 5-4 展示了某企业 3 种产品全年各月份的平均库存数据,请根据表中数据分析月度各产品库存占比情况。

表 5-4　某企业产品平均库存金额

单位:元

月份	一月	二月	三月	四月	五月	六月	七月	八月	九月	十月	十一月	十二月
服装	5 951	11 922	52 298	59 860	58 330	51 366	61 405	63 718	52 866	51 671	61 267	58 602
配件	3 200	29 380	52 814	42 367	44 210	40 985	54 512	50 811	36 551	55 264	49 174	72 833
鞋	6 893	69 531	117 970	170 007	142 837	167 598	173 864	164 066	126 957	117 819	160 854	191 840

　　分析:不同种类的产品在库存金额和数量之间的对应关系并不一致。例如,鞋类产品和服饰配件类产品,鞋类可能需要多个常用码数才能正常销售,因此,其库存数量和金额占比自然更高。

　　操作步骤如下:

（1）制作面积图分析占比。堆积面积图能较好地反映类别占比情况及其变化趋势，如图 5-13 所示。

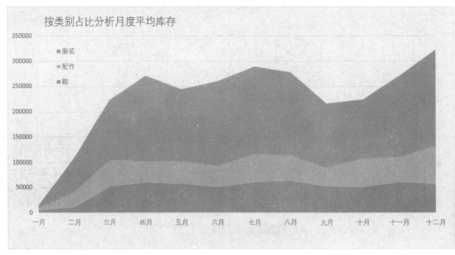

图 5-13　库存类别占比面积图

（2）根据商品销售数量数据，发现 3 类商品销售数量相差不大，但库存金额较大，这是由于鞋类需要较大的库存量，也就是销存比较小。

5.2.2　库存周转率分析

1. 相关知识

库存周转率是指某时间段的出库总金额（总数量）与该时间段库存平均金额（或数量）的比，是指在一定期间（一年或半年）库存周转的速度。提高库存周转率对于加快资金周转，提高资金利用率和变现能力具有积极的作用。

公式：库存周转率＝[该期间的出库总金额（数量）/该期间的平均库存金额（数量）] ×100% ＝[该期间出库总金额（数量）×2/期初库存金额（数量）＋期末库存金额（数量）]×100%

2. 例题

例 5-5　表 5-5 所示为某企业仓库部分库存数据，请根据表中的数据计算库存周转率，该企业库存周转率的达标标准为 65%，请使用可视化视图进行如下分析：① 分析本年度库存周转率达标情况；② 分析库存周转率和出库金额之间的相关性。

表 5-5　某企业仓库部分库存数据

月份	1月	2月	3月	4月	5月	6月	7月	8月	9月	10月	11月	12月
期初库存金额（元）	461 685	489 255	538 022	382 755	403 306	329 665	447 030	410 624	359 119	376 272	401 921	442 653

续表

月份	1月	2月	3月	4月	5月	6月	7月	8月	9月	10月	11月	12月
期末库存金额（元）	489 255	538 022	382 755	403 306	329 665	447 030	410 624	359 119	376 272	401 921	442 653	338 520
月度出库金额（元）	443 760	457 360	711 972	446 518	802 661	699 638	678 624	763 660	670 174	581 792	812 923	756 188

分析：库存周转率是通过公式计算得出的数据，需要对表中数据进行加工，达成率可以通过组合折线图或组合柱形图实现，库存周转率和出库金额的相关性分析，可以使用组合图来视觉观察，再使用散点图进行验证。

操作步骤如下：

（1）完成相关计算。在表格中添加辅助行"库存周转率"，公式见本节相关知识部分，利用表中数据完成计算，如图 5-14 所示。

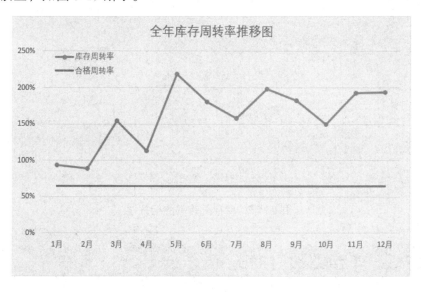

图 5-14　使用公式计算库存周转率

（2）制作库存周转率分析图。为了比较库存周转率达标率，在表格中添加"合格周转率"一行，填充数据 65%。利用数据创建组合折线图。可以发现，全年库存周转率都在合格线以上，如图 5-15 所示。

图 5-15　库存周转率分析

（3）制作出库金额和库存周转率对比图。利用"库存周转率"和"月出库金额"两行数据创建带数据标记的折线柱形图，如图 5-16 所示，发现"库存周转率"随着销售金额的增长而增长。

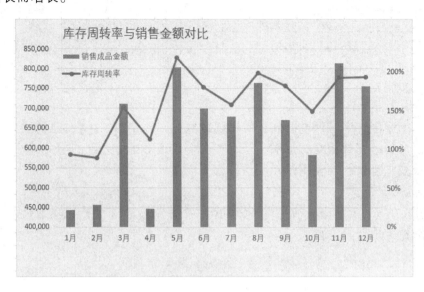

图 5-16　库存周转率与出库金额对比

（4）制作散点图验证相关性。通过柱形图发现库存周转率可能与销售额线性相关，可以制作散点图来验证一下，如图 5-17 所示，$R^2 = 0.9023$，已经非常接近 1 了，表示两者线性相关。

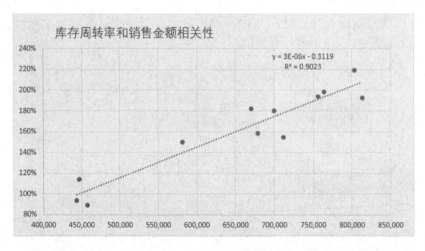

图 5-17　库存周转率的相关性

5.2.3　库存类别时间分析

1. 相关知识

产品的库存是有时效性的，产品不可能一直放在仓库里，仓库管理系统对不同品类的产品有不同的管理策略，如先进先出、后进先出等。对有明确保存期限的库存更要特

别注意其时间属性。

2. 例题

例 5-6　某企业库存数据如表 5-6 所示，请根据表中数据判断库存产品是否在有效期内，对已超过有效期的产品请使用可视化方式予以提醒。

表 5-6　某企业库存数据

库区	物品名称	规格	单位	库存数量	生产日期	保质期（天）
A	产品 1	规格 1	个	100	2022/12/27	90
A	产品 2	规格 2	个	100	2022/6/29	365
A	产品 3	规格 3	个	100	2022/1/14	365
A	产品 4	规格 4	个	100	2022/3/13	365
A	产品 5	规格 5	个	100	2022/5/16	365
A	产品 6	规格 6	个	100	2022/6/12	365
A	产品 7	规格 7	个	100	2022/11/2	180
A	产品 8	规格 8	个	100	2022/8/3	180
A	产品 9	规格 9	个	100	2022/9/27	180
A	产品 10	规格 10	个	100	2022/4/5	365

分析：本例需要增加辅助列计算当前日期和有效期截止日之间的差值，需要用到 TODAY()函数，它的作用是返回当前系统日期，也就是每次打开表格都获取当前的系统日期作为返回值。对这种需要区别显示符合或不符合某种条件单元格的要求，最便捷的就是使用条件格式。

操作步骤如下：

（1）完成相关计算。为表格增加一列“距失效期”，计算方法为生产日期+保证期-当前日期，如图 5-18 所示。

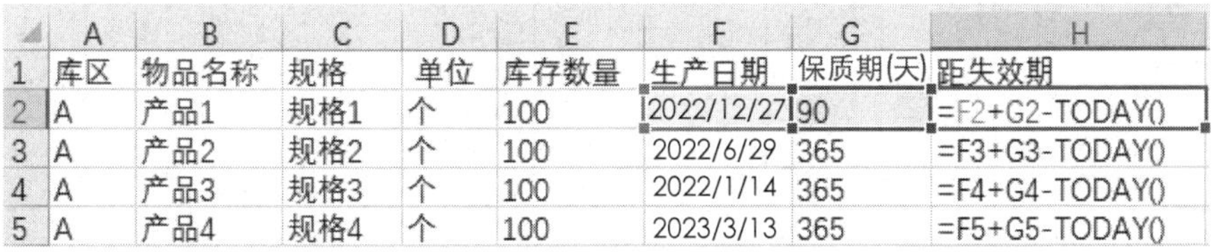

	A	B	C	D	E	F	G	H
1	库区	物品名称	规格	单位	库存数量	生产日期	保质期(天)	距失效期
2	A	产品1	规格1	个	100	2022/12/27	90	=F2+G2-TODAY()
3	A	产品2	规格2	个	100	2022/6/29	365	=F3+G3-TODAY()
4	A	产品3	规格3	个	100	2022/1/14	365	=F4+G4-TODAY()
5	A	产品4	规格4	个	100	2023/3/13	365	=F5+G5-TODAY()

图 5-18　添加辅助列“距失效期”

（2）使用条件格式突出显示。选中【距失效期】一列，执行【开始】→【样式】→【条件格式】→【数据条】命令，如图 5-19 所示。

（3）完成效果展示。如图 5-20 所示，红色标识的表示已经失效，括号里的红色数字表示是负数，例如，（27）表示已过期 27 天，这些库存已成为废品，只能处理掉了。

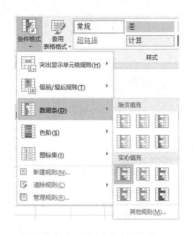

图 5-19　设置条件格式　　　　　　　　图 5-20　标识产品有效性

5.3　出库数据分析与可视化

对大多数企业来说，出库数据意味着销售数据，出库金额相当于销售金额，因此，分析出库金额对企业来说具有非常重要的意义，可以帮助企业在进销存环节进行优化和预测。

📺 5.3.1　出库数量分析

例 5-7　表 5-7 列出了某企业 4 种产品在 2022 年的出库数据，请根据这些数据分析 4 种产品出库量的环比增长率，并用图表展示。

表 5-7　某企业 4 种产品在 2022 年的出库数据

单位：件

月份	1 月	2 月	3 月	4 月	5 月	6 月	7 月	8 月	9 月	10 月	11 月	12 月
产品 A	1013	905	982	993	945	919	954	942	917	959	921	1104
产品 B	150	130	147	111	129	123	134	138	123	164	142	137
产品 C	877	783	904	810	832	638	846	846	832	940	927	860
产品 D	612	541	626	576	565	641	597	518	589	563	534	542

分析：环比增长率＝[（当前周期数量−前一周期数量）/前一周期数量]×100%，表格中并没有直接的数据，需要添加辅助行或另外制作表格。

操作步骤如下：

（1）添加辅助行完成计算。在表中对应位置添加辅助行，命名为"A 环比增长率"，输入计算公式，如图 5-21 所示。注意，因为没有上一年度 12 月数据，所以，1 月的环比增长率输入"#NA"替代。

	A	B	C
1		1月	2月
2	A出库量	1013	905
3	A环比增长率	#NA	=(C2-B2)/B2

图 5-21　添加辅助行完成计算

（2）使用表中数据制作柱形图对比出库量的环比增长率，如图 5-22 所示。为了突出可视化效果，将负值使用红色进行填充。

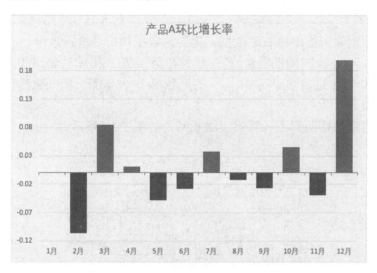

图 5-22　出库数量环比增长率分析

5.3.2　出库类别数量分析

例 5-8　表 5-8 列出了某企业 2021—2022 年 3 种类型商品的出库量，请根据表中数据分析 3 种类别商品出货量的同比增长率和环比增长率。

表 5-8　某企业 2021—2022 年 3 种类型商品的出库量

2021 年	出库量			2022 年	出库量		
月 份	服装	鞋	饰品	月 份	服装	鞋	饰品
1 月	451	701	3 933	1 月	1 189	491	3 525
2 月	92	124	3 978	2 月	880	1 227	6 726
3 月	1 657	279	6 085	3 月	3 124	798	5 663
4 月	2 417	462	5 368	4 月	3 551	1 120	3 998
5 月	913	716	1 933	5 月	1 370	447	1 546
6 月	217	150	4 109	6 月	915	418	1 697
7 月	946	3 302	6 396	7 月	1 728	922	6 105
8 月	990	2 170	6 400	8 月	2 071	2 168	7 970

续表

2021 年	出库量			2022 年	出库量		
月份	服装	鞋	饰品	月份	服装	鞋	饰品
9 月	726	640	6 565	9 月	4 145	2 038	7 648
10 月	1 433	948	4 381	10 月	2 801	437	3 731
11 月	722	726	3 970	11 月	1 757	225	3 839
12 月	535	581	5 609	12 月	984	1 641	4 620

分析：表格中并未给出增长率数据，需要对数据加工后进行展示。

环比增长率＝[（当前周期数量-前一周期数量）/前一周期数量]×100%,

同比增长率＝[（当前数量-去年同一周期数量）/去年同一周期数量]×100%

操作步骤如下：

（1）给表格添加辅助列，计算对应增长率，如图 5-23 所示。

图 5-23　计算同比增长率、环比增长率

（2）根据计算结果制作类别增长率比较图。如图 5-24 所示，因为增长率有正有负，所以，将横坐标标签从 0 点移至轴下方，并使用红色点状线条标识 0 点轴。

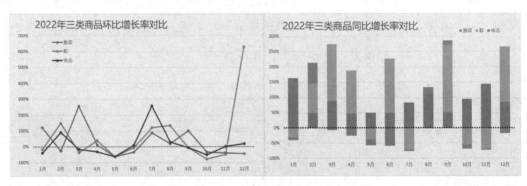

图 5-24　出库类别数据对比分析

5.3.3　出库类别趋势预测

1. 相关知识

趋势预测分析法又称时间序列预测分析法，是根据事业发展的连续性原理，应用数

理统计方法将历史资料按时间顺序排列，然后运用一定的数字模型来预计、推测计划期产（销）量或产（销）额的一种预测方法。

由于趋势预测计划期间的销售数量或销售金额预测分析法所采取的数学方法不同，所以，又可分为如下几种：

（1）算术平均法。以过去若干时期的销售量（或销售金额）的算术平均数作为计划期的销售预测数。

（2）移动加权平均法。根据过去若干时间的销售量（或销售金额）按其距计划期的远近分别进行加权（近期所加权数大些，远期所加权数小些，然后计算其加权平均数作为计划期的销售预测数。所谓"移动"，是指对计算平均数的讨期不断向后推移。

（3）指数平滑法。在预测计划期销售量（或销售金额）时，导入平滑系数（或称加权因子）进行计算。指数平滑法与移动加权平均法实质上是近似的，其优点是可以排除在实际销售中所包含的偶然因素的影响。

2. 例题

例 5-9　表 5-9 所示为某企业 4 种商品全年的出库量，请根据表中数据对全年销售趋势进行预测计算，并进行可视化分析。

表 5-9　某企业 4 种商品全年的出库量

月份	1 月	2 月	3 月	4 月	5 月	6 月	7 月	8 月	9 月	10 月	11 月	12 月
计算机	1 013	905	982	993	945	919	954	942	917	959	921	1 104
扫描仪	150	130	147	111	129	123	134	138	123	164	142	137
显示器	877	783	904	810	832	638	846	846	832	940	927	860
打印机	612	541	626	576	565	641	597	518	589	563	534	542

分析：在 3 种预测方法中，算术平均法没有参考意义，因此，选取移动平均法和指数平滑法做对比。Excel 默认不包含这两种数据分析工具，需要手动添加到菜单中才会显示。

操作步骤如下：

（1）为 Excel 添加数据分析工具。在 Excel 中执行【文件】→【选项】命令，在弹出的【Excel 选项】对话框中选择【加载项】选项卡，如图 5-25（左）所示，选中【分析工具库】选项，单击【转到】按钮，在弹出的【加载项】对话框中勾选【分析工具库】和【分析工具库-VBA】复选框，单击【确定】按钮，此时，在【数据】菜单下就添加了【分析】子菜单项，如图 5-26 所示。

（2）计算移动平均和指数平滑预测值。执行【数据】→【分析】→【数据分析】命令，弹出图 5-27 所示的对话框，选择【移动平均】工具，在图 5-28 所示的【移动平均】对话框中分别选择数据源区域和计算结果存放区域，并勾选【图表输出】复选框，此时，Excel 将自动使用计算结果生成图表。这里将指数平滑的【阻尼系数】设置为 0.15，比较忠实于原始数据分布。

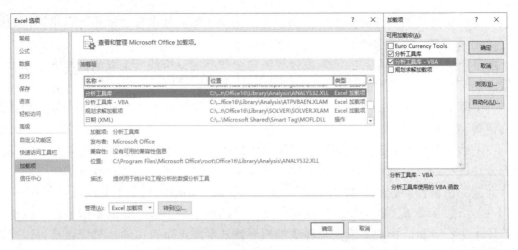

图 5-25　添加数据分析工具

图 5-26　添加【分析】子菜单项

图 5-27　选择数据分析工具

图 5-28　设置数据分析工具参数

（3）对比预测值与实际值。对自动生成的图表元素进行美化，最终效果如图 5-29 所示。

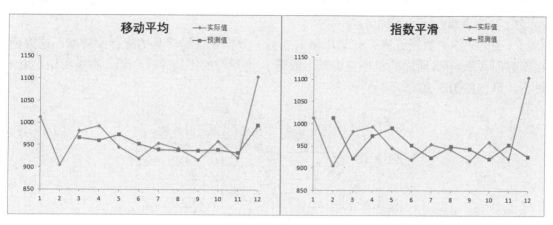

图 5-29　预测计算机类产品出库数量

5.4　综合实验

实验 1

1. 实验目的

掌握库存周转率的计算方法；使用条件格式标识数据。

2. 实验内容

例 5-10　表 5-10 展示了某企业全年的库存数据，请根据表中的数据计算 3 种商品的库存周转率，该企业的库存周转率考核线为 50%，请将不达标的月份和品种标识出来。

表 5-10　某企业全年的库存数据

月份	日平均销售			平均库存		
	服装	配件	鞋	服装	配件	鞋
1 月	451	701	3 933	5 951	3 200	66 893
2 月	92	124	3 978	11 922	29 380	69 531
3 月	1 657	279	6 085	52 298	52 814	217 970
4 月	2 417	462	5 368	59 860	42 367	270 007
5 月	913	716	1 933	58 330	44 210	242 837
6 月	217	150	4 109	51 366	40 985	267 598
7 月	946	3 302	6 396	61 405	54 512	273 864
8 月	990	2 170	6 400	63 718	50 811	264 066
9 月	726	640	6 565	52 866	36 551	226 957
10 月	1 433	948	4 381	51 671	55 264	217 819
11 月	722	726	3 970	61 267	49 174	260 854
12 月	535	581	5 609	58 602	72 833	291 840

3. 实验步骤

（1）完成相关数据计算，在表中添加 3 列，分别是 3 种产品的库存周转率。这里使用库存周转率＝[该期间的出库总金额（数量）/该期间的平均库存金额（数量）]×100% 进行计算，如图 5-30 所示。

	A	B	C	F	I
1		月份	日平均销售	平均库存	商品周转率
2			服装	服装	服装
3	31	1月	451	5951	=C3*$A3/F3
4	28	2月	92	11922	=C4*$A4/F4
5	31	3月	1657	52298	=C5*$A5/F5
6	30	4月	2417	59860	=C6*$A6/F6

图 5-30　计算库存周转率

（2）设置条件格式。选中库存周转率数据，设置为百分比数字格式，执行【开始】→【样式】→【条件格式】→【突出显示单元格规则】→【小于】命令，如图 5-31 所示。按照图 5-32 进行设置。

图 5-31　设置条件格式

图 5-32　设置条件格式样式

（3）完成设置，最终效果如图 5-33 所示。区分显示的即为库存周转率不合格的月份和品种。

月份	日平均销售			平均库存			商品周转率		
	服装	配件	鞋	服装	配件	鞋	服装	配件	鞋
1月	451	701	3,933	5,951	3,200	66,893	235%	679%	182%
2月	92	124	3,978	11,922	29,380	69,531	22%	12%	160%
3月	1,657	279	6,085	52,298	52,814	217,970	98%	16%	87%
4月	2,417	462	5,368	59,860	42,367	270,007	121%	33%	60%
5月	913	716	1,933	58,330	44,210	242,837	49%	50%	25%
6月	217	150	4,109	51,366	40,985	267,598	13%	11%	46%
7月	946	3,302	6,396	61,405	54,512	273,864	48%	188%	72%
8月	990	2,170	6,400	63,718	50,811	264,066	48%	132%	75%
9月	726	640	6,565	52,866	36,551	226,957	41%	53%	87%
10月	1,433	948	4,381	51,671	55,264	217,819	86%	53%	62%
11月	722	726	3,970	61,267	49,174	260,854	35%	44%	46%
12月	535	581	5,609	58,602	72,833	291,840	28%	25%	60%

图 5-33　库存周转率不合格月份和品种突出显示

实验 2

1. 实验目的

掌握库存周转率计算方法，使用可视化视图对比库存周转率。

2. 实验内容

例 5-11　表 5-11 所示为某企业 1—8 月仓库数据汇总，请根据表中数据计算出该仓库各月份的库存周转率，并使用可视化视图比较分析各月份库存周转率。

表 5-11　某企业 1—8 月仓库数据汇总

月份	本期出库总金额（元）	期初库存金额（元）	期末库存金额（元）
1 月	207 582.3	508 778.6	553 654.6
2 月	208 461.4	553 654.6	663 277.8
3 月	279 308.7	663 277.8	692 504.8
4 月	223 094.6	692 504.8	634 732.4
5 月	214 024.3	634 732.4	568 399.2
6 月	97 262.79	568 399.2	473 907.2
7 月	187 700.6	473 907.2	466 458.5
8 月	271 092.7	466 458.5	490 250

3. 实验步骤

请读者自主完成。

5.5　思考与练习

一、选择题

1. 在 Excel 数据透视表中不能进行的操作是（　　　）。

A. 编辑　　　　　　B. 筛选　　　　　　C. 刷新　　　　　　D. 排序

2. 在 Excel 数据透视表中，不能设置筛选条件的是（　　　）。

A. 筛选器字段　　　　B. 列字段　　　　　　C. 行子段　　　　　　D. 值字段

3. 在 Excel 数据透视表中默认的数值型字段汇总方式是（　　　）。

A. 平均值　　　　　　B. 最小值　　　　　　C. 求和　　　　　　　D. 最大值

4. 在 Excel 中，创建数据透视表的目的在于（　　　）。

A. 制作包含图表的工作表　　　　　　　　B. 制作工作表的备份

C. 制作包含数据清单的工作表　　　　　　D. 从不同角度分析工作表中的数据

5. 在创建数据透视表时，对源数据区域的要求是（　　　）。

A. 在同一列中既可以有文本也可以有数字

B. 在数据表中无空行和空列

C. 可以没有列标题

D. 在数据表中可以有空行，但不能有空列

6. 在下列关于 Excel 数据透视表的叙述中，正确的是（　　　）。

A. 数据透视表的筛选器对应的是分页字段

B. 数据透视表的行字段和列字段区域都只能设置 1 个字段

C. 数据透视表的行字段和列字段无法设置筛选条件

D. 数据透视表的值字段区域只能是数值型字段

7. 在创建数据透视表时，存放数据透视表的位（　　　）。

A. 可以是新工作表，也可以是现有工作表

B. 只能是新工作表

C. 只能是现有工作表

D. 可以是新工作簿

8. 在 Excel 数据透视图中不能创建的图表类型是（　　　）。

A. 饼图　　　　　　　B. 气泡图　　　　　　C. 雷达图　　　　　　D. 曲面图

9. 在 Excel 中，以下说法错误的是（　　　）。

A. 不能更改数据透视表的名称

B. 如果在源数据中添加或减少了行或列数据，那么可以通过更改数据源，将这些行列包含到数据透视表或移出数据透视表

C. 如果更改了数据透视表的源数据，需要刷新数据透视表，所做的更改才能反映到数据透视表中

D. 在数据透视图中会显示字段筛选器，以便对数据实现筛选查看

10. 在下列关于 Excel 数据透视表中切片器的叙述中，正确的是（　　　）。

A. 只能有一个切片器

B. 可以有多个切片器，但一个切片器只能指定一个字段

C. 可以有多个切片器，但这些切片器所指定的字段必须是相连的字段

D. 切片器中所指定的字段只能是数据透视表中已使用的字段

二、判断题

1. 在 Excel 中，数据透视表可用于对数据表进行数据的汇总与分析。(　　)

2. 在 Excel 中，变更源数据后，数据透视表的内容也自动随之更新。(　　)

3. 在 Excel 中，为数据透视图提供数据源的是相关联的数据透视表。(　　)

4. 在 Excel 中，在相关联的数据透视表中对字段布局和数据所做的修改，会立即反映在数据透视图中。(　　)

5. 在 Excel 中，数据透视图及其相关联的数据透视表可以不在同一个工作簿中。(　　)

三、简答题

1. 数据透视表可以完成的计算有哪些？

2. 如何查看数据透视表中的明细数据？如何更新数据透视表？

3. 库存周转率如何计算？它和哪些数据相关？不同类型的企业库存周转率可以相比较吗？

第 6 章
电商客户信息分析

↘ **本章导读**

　　电商平台线上购物市场庞大且应用广泛，所有的电商经营者都在努力争取自己市场的利益最大化，从而形成激烈的竞争。面对电商平台强大且众多的竞争对手，每个运营者要想生存并取得发展，必须掌握科学的运营方法，及时发现并解决运营中的数据问题，掌握采购的合理时间、规划商品上架的数量和种类等。本章以电商平台运营模拟数据为例，基于客户数据、客户属性分析与可视化系统介绍 Excel 在运营数据中的应用，科学有效地提高市场竞争力。

 **本章学习导图**

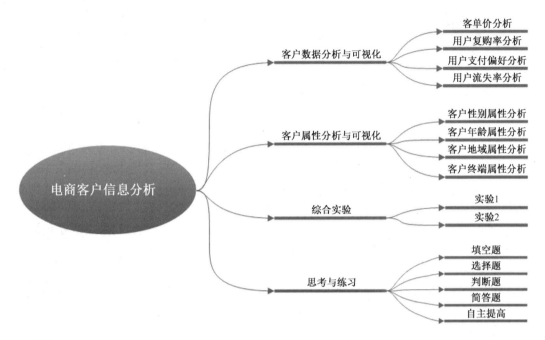

 **职业素养目标**

电商客户直接影响运营数据，在掌握电商客户信息分析的基础上，通过对电商线上购物平台中产品销售、库存、可订购数据及顾客浏览、下单等流量数据进行深度分析，结合商品价格，探索商品销量的深层原因，寻找科学高效的运营方法。引导学生对电商运营平台的正确认识，对国家在网络环境下的法律法规的熟悉和掌握，提高网络安全意识。

6.1　客户数据分析与可视化

与传统零售业对比，电子商务获得数据的方式便捷且全面，可以通过数据化来监控并发现问题，在营销管理、客户管理等环节，利用数据分析判断企业内部、营销手段、客户体验的不足、了解客户的内在需求等，基于数据分析，总结发展趋势，为网络营销决策提供支持。电子商务行业大数据分析主要采用以下算法及模型。

1. RFM 模型

通过分析有购买记录客户的购买行为来判断客户的价值和创造利益能力，在客户购买时间（Recency）、消费频率（Frequency）、消费金额（Monetary）3 个方面进行客户区分，从而制订针对不同客户的营销活动。

2. Apriori 算法

Apriori 算法是一个关联规则挖掘算法。在电子商务中，关联营销是较为重要的营销手段。想要做好关联营销，需要知道不同商品之间的关联关系，如衣服和裤子的搭配穿法、客户的购买经历等。通过 Apriori 算法，可以分析哪两种商品有关联性，从而确定商品的陈列等因素，进而组套销售。

3. 网站分析

网站分析是针对一段时间内网站客户访问及购买情况的分析。例如，通过对访问量、页面停留时间、支付金额、转化率、客单价等数据的分析，可以评估经营策略的效果，并深入了解存在复购行为的客户的基本特征。在电子商务运营中，制订有针对性的策略是至关重要的，通过数据分析可以及时优化销售效果和后期引流操作。

电子商务是一种商业活动，企业以盈利为目的来判断运营效果。影响企业电子商务活动的重要指标包括流量、转化率、客单价、用户和订单等。

6.1.1　客单价分析

1. 相关知识

客单价是指进入企业网站的每个顾客平均购买商品的金额，即平均每个支付买家的支付金额。分析客单价能够帮助企业明确用户定位，以及盈利期望是否合理，继而优化定价策略，有助于促销活动的开展。

公式：客单价＝销售额/客户数量

2. 例题

例 6-1　表 6-1 所示为某高校自动售货机 2021 年某周内销售数据的部分展示，请根据表中数据分析该售货机的客单价。

表 6-1　某高校自动售货机 2021 年某周内销售数据的部分展示

区域	购买日期	用户 ID	支付方式	商品类别	商品名称	消费金额（元）
雁塔区	2021/9/24	220902069	微信	饮料	雪碧-智能	3
碑林区	2021/9/25	220902069	支付宝	饮料	可口可乐-智能	3
雁塔区	2021/9/28	220902070	微信	饮料	雪碧-智能	3
碑林区	2021/9/29	220902070	支付宝	饮料	可口可乐-智能	3
新城区	2021/9/26	220902071	微信	饮料	屈臣氏苏打水	3

分析：客单价指标离不开时间这个关键点，一定是某个时间段内的客户平均消费额，要统计客单价，需要统计不重复的客户数量，这对传统零售业几乎是不可想象的，但对电子商务来说却很容易。只需要将数据导出为 Excel 格式，进而使用数据透视表即可进行计算。

操作步骤如下:

（1）创建数据透视表。选中表中数据区域任意单元格，执行【插入】→【数据透视表】命令，使用默认设置创建数据透视表。将购买日期作为行字段，用户 ID 和消费金额作为列字段。需要注意的是，数据透视表默认将列字段作求和计算，而这里要计算不重复的用户数量，所以，要将计算方法改为计数。操作过程如图 6-1 所示。创建出的数据透视表如图 6-2 所示。

图 6-1　设置数据透视表字段

行标签	计数项:用户ID	求和项:消费金额
2021/9/24	637	3616.7
2021/9/25	594	3159.3
2021/9/26	629	3457.4
2021/9/27	545	2918
2021/9/28	599	3309
2021/9/29	534	2934.9
2021/9/30	595	3184.9
总计	4133	22580.2

图 6-2　用户消费数据透视表

（2）制作表格计算客单价。利用数据透视表的用户数和消费金额可以计算客单价，在透视表右侧新制作一个表格，使用公式计算客单价，如图 6-3 所示。

用户数	消费金额	客单价
637	3616.7	=G4/F4
594	3159.3	=G5/F5

图 6-3　制作表格计算客单价

（3）制作可视化视图。使用图 6-3 所示的表格数据制作柱形图，分析一周内客单价变化趋势，如图 6-4 所示。

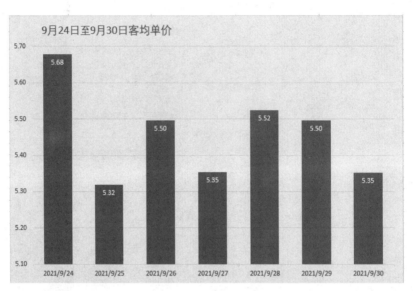

图 6-4　9 月 24 日至 9 月 30 日客单价分析

6.1.2　用户复购率分析

1. 相关知识

复购率是电商业务分析中经常使用的指标，复购率的含义如下。

复购率是衡量产品受欢迎度的指标。复购率越高，说明企业/产品/品牌的忠诚顾客人数越多，这时企业需要把更多的精力和资源投入吸引、引导用户的复购上。复购率低则说明企业/产品的忠诚顾客不多，需要把资源和精力用在提升顾客的转化率上。复购率的计算一般有如下两种算法：

（1）复购的人数。复购率＝单位时间内购买次数大于 1 的人数/所有购买的人数。

（2）复购的次数。复购率＝单位时间内总的复购次数/所有购买的人数

2. 例题

例 6-2　表 6-2 所示为某电商平台 2022 年 3 月部分销售明细字段展示，请根据这些明细数据，分析该平台这段时间内的用户复购率。

表 6-2　某电商平台 2022 年 3 月部分销售明细字段展示

区域	购买日期	用户 ID	支付方式	商品类别	商品名称	消费金额（元）
海淀区	2020/3/12	220902078	支付宝	膨化食品	KSF 牌 341 蛋卷（160g/袋）	8.5
海淀区	2020/3/12	220902080	现金	饼干	康师傅蔓越莓曲奇（120g/盒）	12
海淀区	2020/3/12	220902085	支付宝	饮料	小茗同学-智能	5
海淀区	2020/3/12	220902091	现金	膨化食品	旺仔小馒头	9.6
海淀区	2020/3/12	220902095	现金	其他	亿智康师傅草莓味注心饼干	13.5
海淀区	2020/3/12	220902112	微信	饮料	屈臣氏苏打水	6

分析：根据复购率的计算公式，在表 6-2 中只需要统计用户 ID 量和每个 ID 重复出现的次数，这里需要使用两次数据透视功能，第一次统计每个 ID 重复出现的次数，第二次统计每个次数的 ID 量。为简化过程，第二次数据透视将直接生成透视图。

操作步骤如下：

（1）统计用户复购次数。选中表中数据区域任意单元格，执行【插入】→【数据透视表】命令，使用默认设置创建数据透视表。将【数据透视表字段】窗格中的【行】设置为【用户 ID】，将【值】设置为【计数项：用户 ID】，将【计算类型】由【求和】改为【计数】，如图 6-5 所示。

图 6-5　数据透视表统计购买次数

（2）统计复购率。将生成的透视表的"计数项"一列数据复制到一张新的空白工作表中，将其命名为"复购次数"，使用"复购次数"中的数据，执行【插入】→【图表】→【数据透视图】→【数据透视图和数据透视表】命令，将【数据透视表字段】窗格中的【行】设置为【购买次数】，将【值】设置为【计数项：购买次数】，将【计算类型】由【求和】改为【计数】，如图 6-6 所示。

（3）制作图表展示复购率。步骤（2）中默认建立的数据透视图类型为柱形图，并不适合展示本例中的数据，因此，将图表类型改为复合饼图，如图 6-7 所示。

图 6-6　数据透视表统计复购率

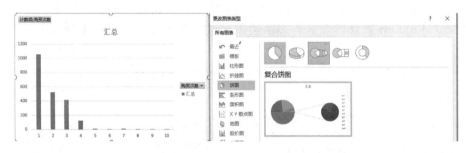

图 6-7　更改图表类型

（4）完成图表制作。根据透视表中的值发现，复购 5 次以上的数据占比很低，调整后 6 项数据在复合饼图第二绘图区中展示，调整方法如下：右键单击图表数据区，在弹出的快捷菜单中执行【设置数据系列格式】命令，弹出图 6-8 所示的对话框，设置【间隙宽度】等参数。生成图 6-9 所示的最终图表。由于一次以上才算复购，所以，在这段时间内，该平台的用户复购率为 51%。

图 6-8　【设置数据系列格式】对话框

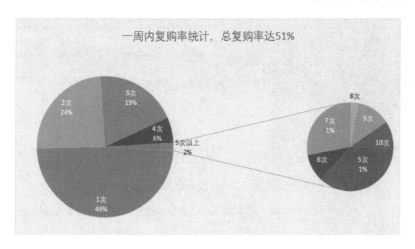

图 6-9　生成最终图表

6.1.3　用户支付偏好分析

1. 相关知识

目前线下销售的支付方式有现金、微信、支付宝、POS 机刷卡等，线上销售主要是微信、支付宝、银联等，对用户支付偏好的分析有助于商户优化支付界面的设计。

2. 例题

例 6-3　表 6-3 所示为某线上商户部分月份支付数据，请根据这些数据统计本年度 3 种支付方式和支付金额的占比。

表 6-3　某线上商户部分月份支付数据

时间	10 月	10 月	10 月	11 月	11 月	11 月	12 月	12 月	12 月
支付方式	微信	银联	支付宝	微信	银联	支付宝	微信	银联	支付宝
支付次数	371	11	174	323	12	176	303	10	193
支付金额（元）	38 213	1 144	17 574	33 269	1 248	19 008	31 209	1 020	20 844

分析：虽然表中的数据已经经过统计了，但没有最终需要的汇总数据，可以使用数据透视图，也可以使用 Excel 的合并计算功能来实现。

操作步骤如下：

（1）对数据区域排序。选中表中的数据区域，执行【数据】→【排序和筛选】→【排序】命令，在弹出的对话框中设置【主要关键字】为【支付方式】，如图 6-10 所示，将表中数据按支付方式分类排序，便于进行合并计算。

（2）对数据进行合并计算。选中表中任意单元格，作为合并计算结果显示区域的左上角位置，然后执行【数据】→【数据工具】→【合并计算】命令，设置参数，如图 6-11 所示。计算结果如图 6-12 所示。

图 6-10　对数据区域排序

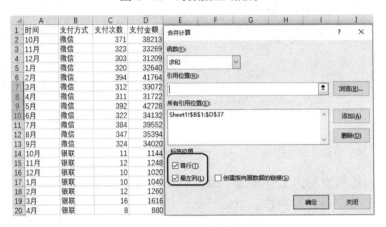

图 6-11　合并计算用户支付数据

	支付次数	支付金额
微信	4103	427715
银联	120	12483
支付宝	2096	220737

图 6-12　用户支付方式统计

（3）制作图表，展示支付偏好占比。使用图 6-12 所示的数据制作圆环图，微信使用绿色，支付宝使用蓝色，银联使用红色，外圈表示支付次数占比情况，内圈表示支付金额占比情况。最终效果如图 6-13 所示。

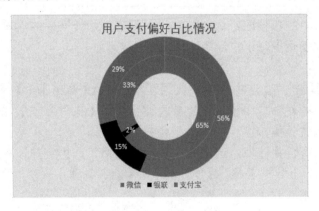

图 6-13　用户支付偏好占比

6.1.4 用户流失率分析

1. 相关知识

用户（客户）流失率是指企业用户（客户）单位时间内流失的数量占总客户（用户）量的比率。

2. 例题

例 6-4 表 6-4 所示为某微商 4 名销售客户数量 1—6 月的变化情况，请根据表中数据分析 4 人的客户流失率对比情况。

表 6-4　某微商 4 名销售客户数量 1—6 月的变化情况

员工姓名	1 月	2 月	3 月	4 月	5 月	6 月
张春玲	142	136	143	133	146	150
胡雪欣	175	165	189	178	184	184
马晓丹	168	165	164	190	186	188
李龙福	179	180	174	163	168	160

分析：客户流失率计算应以本周期数据为计算基础，例如，计算 2 月的流失率时，应该使用 2 月相比 1 月的减少量除以 2 月的用户量来计算。

操作步骤如下：

（1）计算流失率。在表中加入辅助行，命名为"流失率"，输入公式并填充，如图 6-14 所示。计算结果如图 6-15 所示。

员工姓名	1月	2月
张春玲	142	136
流失率		=(C2-D2)/D2

图 6-14　使用公式计算流失率

员工姓名	客户指标	1月	2月	3月	4月	5月	6月
张春玲	用户量	142	136	143	133	146	150
	流失率		4%	-5%	8%	-9%	-3%
胡雪欣	用户量	175	165	189	178	184	184
	流失率		6%	-13%	6%	-3%	0%
马晓丹	用户量	168	165	164	190	186	188
	流失率		2%	1%	-14%	2%	-1%
李龙福	用户量	179	180	174	163	168	160
	流失率		-1%	3%	7%	-3%	5%

图 6-15　计算结果

（2）使用柱形图＋折线图组合展示 4 人对比情况，如图 6-16 所示。

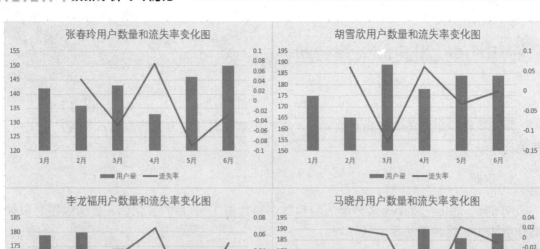

图 6-16　用户数量和流失率对比

6.2　客户属性分析与可视化

电子商务数据分析中的数据分析是基于有限资源来最大化撬动效益的过程。通过数据分析进行最大价值的客户挖掘、创造，可实现对客户的针对性营销。精准定位客户，才能够实现精准化的运营，以此获得最大的转化率。精准式营销最重要的是对客户进行细分，客户细分是将不同特征的客户进行聚类的过程，细分后，客户具有相似的需求和购买特征。按照客户的多样化需求进行细分，之后按照每类客户特征进行个性化营销策略的制订。因为客户地域、属性及职业等都有差异，所以，客户细分需要对客户进行差异化的分析和分类。企业怎样充分利用有限的资源，将更多资源分配到能够给企业带来更多效益的客户群中，是企业进行客户细分的主要目标之一，对任何企业来说，盈利是其最终的目标，只有精准定位客户群，才能获得更高的转化率。

▶ 6.2.1　客户性别属性分析

例 6-5　表 6-5 所示为某电商平台店铺上半年的顾客访问量和下单量并按性别统计的结果，请分析访问量和下单量的按性别对比情况。

表6-5　某电商平台店铺上半年的顾客访问量和下单量按性别统计结果

月份	女性访问量/次	男性访问量/次	女性下单量/个	男性下单量/个
1 月	360	140	220	80
2 月	500	220	320	160
3 月	465	210	310	135
4 月	366	150	235	96
5 月	384	160	252	105
6 月	456	175	307	111

分析：按性别进行数量和占比对比分析是非常熟悉的操作了，这里使用一种新的可视化方案，突出对比效果。

操作步骤如下：

（1）对比访问数量。使用表中访问量数据制作条形图，在图 6-17 所示的对话框中选择组合图表，将男性访问量和女性访问量分别使用不同的坐标轴。

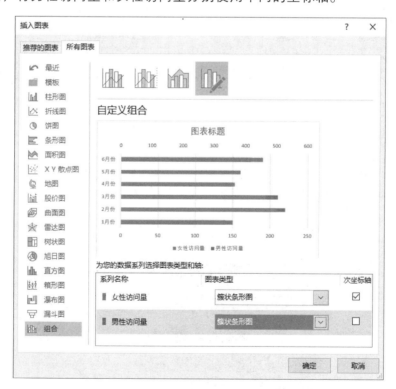

图 6-17　选择图表类型

（2）设置条形图参数。为突出显示效果，将图形上方的坐标轴逆向显示，以实现中心向两边发散的效果，设置如图 6-18 所示。

（3）调整设置。调整设置纵坐标轴标签和 0 刻度线，如图 6-19 所示。

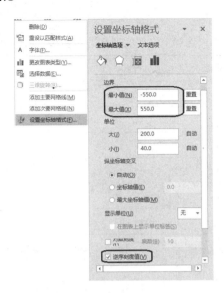

图 6-18　设置图表参数实现逆向显示

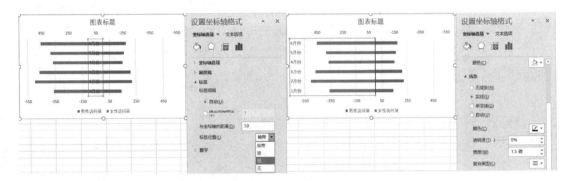

图 6-19　调整纵坐标显示

（4）美化图表，调整图表元素。效果如图 6-20 所示。

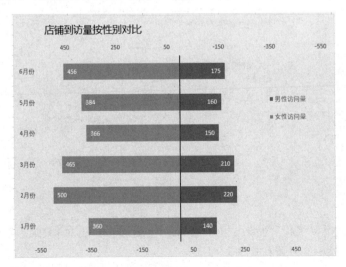

图 6-20　按性别对比店铺到访量数据

（5）使用表中下单量数据制作对应图表，如图 6-21 所示。通过图 6-20 和图 6-21 对比发现：不论是从浏览量、下单绝对数量还是占比情况，女性用户都占据了较大比重，商铺应加强对女性用户的分析与引导，制订更多针对女性用户的促销方案。

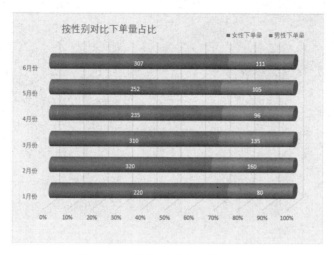

图 6-21　按性别对比下单量占比

6.2.2　客户年龄属性分析

例 6-6　表 6-6 所示为某电商网站统计的客户年龄分布表，请根据这些数据制作可视化图表，分析客户年龄分布情况。

表 6-6　某电商网站统计的客户年龄分布表

年龄段	20 岁以下	20～25 岁	26～30 岁	31～35 岁	36～40 岁	41～50 岁	51 岁以上	总计
访问量/次	465	882	985	525	216	118	36	3 227

分析：单纯的数值分布对于店铺经营者来说没有参考意义，需要进一步对数据进行加工，计算出各年龄层次客户的占比情况，才能制订有针对性的营销方法和策略。

操作步骤如下：

（1）加工数据。如图 6-22 所示，将表格进行行列转置，增加"浏览量占比"一列，输入公式计算数据并填充。

	年龄段	访问量	浏览量占比
1	年龄段	访问量	浏览量占比
2	20岁以下	465	=B2/$B$9
3	20-25	882	=B3/$B$9
4	26-30	985	=B4/$B$9
5	31-35	525	=B5/$B$9
6	36-40	216	=B6/$B$9
7	41-50	118	=B7/$B$9
8	51以上	36	=B8/$B$9
9	总计	=SUM(B2:B8)	1

图 6-22　计算浏览量占比

（2）制作散点图查看数据分布情况，如图 6-23 所示。

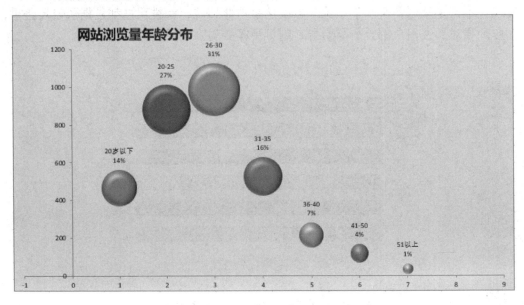

图 6-23　客户年龄属性分析

6.2.3　客户地域属性分析

例 6-7　表 6-7 所示为某互联网广告投放 1 个月内的数据明细，请根据表中数据，统计各地区广告投放效果数据，列出前 10 名占比情况。

表 6-7　某互联网广告投放 1 个月内的数据明细

日期	省市	展现量/次	点击量/次	花费/元	平均点击花费/元	总成交金额/元
2021/6/26	北京	70	7	8.35	1.19	0
2021/6/26	福建	24	1	0.67	0.67	0
2021/6/26	甘肃	14	5	6.82	1.36	0
2021/6/26	广东	78	2	2.59	1.29	0
2021/6/26	海南	5	0	0	0	0
2021/6/26	河北	28	4	5.06	1.27	0

分析：明细数据做统计计算，需要使用数据透视表，广告投放最关心的数据就是点击量和最终消费金额。统计结果需要体现这些数据。

操作步骤如下：

（1）制作数据透视表。选中数据区域任意单元格，创建数据透视表，在新建的数据透视表中选择要展现的数据，如图 6-24 所示。

图 6-24　制作数据透视表

（2）制作图表，分析点击量和消费情况。为方便操作，复制数据透视表中的数据，制作一张新表，先对数据分别按点击量和消费金额排序，然后制作图表，结果如图 6-25 所示。对比发现，点击量和消费金额几乎一致。

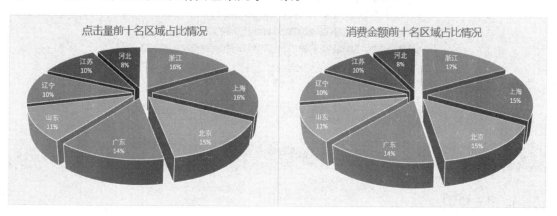

图 6-25　排名前十区域占比情况

（3）分析展现量与点击量的相关性。将数据按展现量排序后，制作散点图来分析展现量与点击量之间的相关性，如图 6-26 所示，散点图趋势线的 R^2 离 1 相差较远，说明两者之间并没有明显的线性相关，也就是说，看到的用户未必都会点击，可以进一步计算点击率进行分析，如图 6-27 所示。

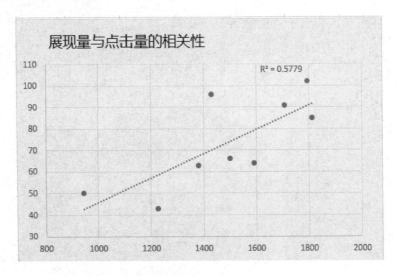

图 6-26　展现量和点击量之间的相关性分析

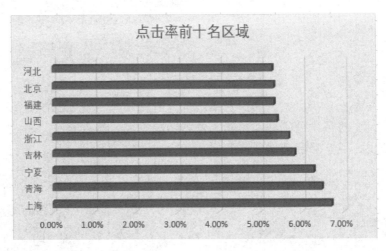

图 6-27　点击率前十名区域

▶ 6.2.4　客户终端属性分析

1. 相关知识

目前移动互联网已成为电商平台的主流媒体，手机、平板成为用户的主流终端，传统 PC 的占比越来越低，电商平台在设计后台程序时要考虑用户终端的占比情况，以尽可能满足用户的使用习惯。

2. 例题

例 6-8　表 6-8 所示为经过统计的某电商网站后台数据，请根据表中数据计算终端类型占比情况对比和终端消费金额占比情况对比。

表 6-8 终端类型及消费金额统计

终端类型	数量/个	消费金额/元
Android	659	31 088
iOS	356	25 269
Harmony	128	18 369
Linux	96	5 470
Windows	105	16 853

分析：终端类型在一定程度上决定着用户的使用习惯，也就是客户的一种特殊属性。例如，Linux 用户使用 PC 支付就会有一定的问题。占比情况分析可以使用饼图或环形图展示。

操作步骤如下：

（1）计算终端类型占比情况。使用表中数据制作饼状复合图，如图 6-28 所示。

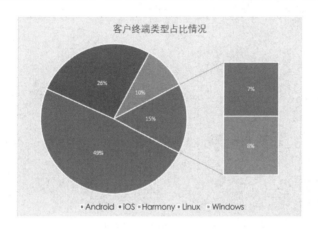

图 6-28 终端类型占比分析

（2）终端类型消费金额占比统计，如图 6-29 所示。

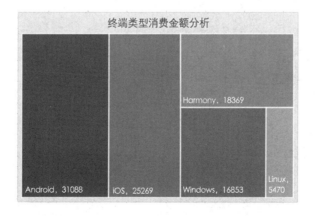

图 6-29 终端类型消费金额占比统计

6.3 综合实验

 实验 1

1. 实验目的

了解并掌握订单转化率的概念。学会使用相关数据计算订单转化率并进行分析。

2. 实验内容

当访客访问网站时，将访客转化成网站的常驻用户，进而提升成网站的消费用户，由此产生的消费率被称为订单转化率。订单转化率＝有效订单数/访客数。

例 6-9　使用表 6-4 分别计算男性订单转化率和女性订单转化率，并分析商铺应采取的细分促销策略。

3. 实验步骤

（1）计算订单转化率。使用表中数据，列出公式计算男性、女性订单转化率，如图 6-30 所示。

月份	女性访问量	男性访问量	女性下单量	男性下单量	女性订单转化率	男性订单转化率
1月份	360	140	220	80	=D23/B23	=E23/C23
2月份	500	220	320	160	=D24/B24	=E24/C24
3月份	465	210	310	135	=D25/B25	=E25/C25
4月份	366	150	235	96	=D26/B26	=E26/C26
5月份	384	160	252	105	=D27/B27	=E27/C27
6月份	456	175	307	111	=D28/B28	=E28/C28

图 6-30　计算订单转化率

（2）计算结果及生成图表如图 6-31 所示。

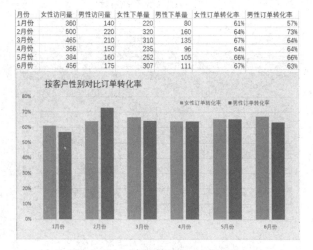

图 6-31　计算结果及生成图表

（3）分析。通过图 6-31 可以发现，虽然女性客户浏览量和订单量的绝对数量和相对占比都占据绝对优势，但是订单转化率却基本持平。这个结果提示商铺应做到如下两点：① 加大对女性用户的促销力度，提高女性用户的订单转化率；② 店铺要加大对男性客户的宣传力度，提高男性客户的浏览量。

实验 2

1. 实验目的

客单价的计算方法。

2. 实验内容

例 6-10   使用表 6-1 中的数据，计算不同区域这一时期内的客单价，并用图表进行对比。

3. 实验步骤

读者自主完成。

6.4   思考与练习

一、填空题

1. Excel 中的图表形式有（   ）和（   ）。
2. 饼图的数据源可以包括（   ）个数据系列。
3. 在 Excel 中使用分类汇总前，必须先按欲分类汇总的字段进行（   ），使同一分类的记录集中在一起。
4. 在 Excel 中可以通过（   ）功能只显示包含指定内容的数据信息。
5. 客单价的计算公式是（   ）。
6. 流失率的计算公式是（   ）。
7. 在单元格引用中，单元格地址不会随位置而改变的称为（   ）。
8. 单元格是行与列交叉形成的，并且每个单元格的地址是（   ）的。

二、选择题

1. 在 Excel 工作表中，下列关于一次排序操作可以指定的关键字数量，正确的是（   ）。
   A. 只能有 1 个主要关键字
   B. 只能有 1 个次要关键字

C. 只能有 1 个主要关键字和 1 个次要关键字

D. 只能有 1 个主要关键字，最多可以有 3 个次要关键字

2. 在对 Excel 工作表中选定的数据区域进行排序时，下列选项中不正确的是(   )。

A. 可以按关键字递增或递减排序

B. 可以按自定义序列关键字递增或递减排序

C. 可以指定本数据区域以外的字段作为排序关键字

D. 可以指定数据区域中的任意多个字段作为排序关键字

3. 对于 Excel 工作表中的汉字数据，(   )。

A. 不可以排序　　　　　　　　　　B. 只可按拼音字母排序

C. 只可按笔画排序　　　　　　　　D. 既可按拼音字母，也可按笔画排序

4. 在 Excel 中，关于"筛选"的叙述错误的是 (   )。

A. 自动筛选和高级筛选都可以将结果筛选至另外的区域

B. 执行高级筛选前，必须在另外的区域给出筛选条件

C. 每次自动筛选的条件只能是一个，高级筛选的条件可以是多个

D. 如果筛选条件出现在多列中，并且条件间有"或"的关系，必须使用高级筛选

5. 在 Excel 中取消工作表的自动筛选后(   )。

A. 工作表的数据消失　　　　　　　B. 工作表恢复原样

C. 只剩下符合筛选条件的记录　　　D. 不能取消自动筛选

6. 在 Excel 高级筛选的条件区域中，如果几个条件在同一行中，表示这几个条件是(   ) 关系。

A. 与　　　　　B. 或　　　　　C. 非　　　　　D. 异或

7. 已知 Excel 数据表中有"单位"和"销售额" 等字段，如下说法中，利用自动筛选不能实现的是 (   )。

A. 可以筛选出"销售额"前 5 名

B. 可以筛选出以"公司"结尾的所有单位

C. 可以同时筛选出"销售额"在 10 000 元以上或者在 500～1 000 元的所有数据

D. 可以同时筛选出"单位"的第一个字为"湖"且销售额在 10 000 元以上的数据

8. 在 Excel 数据表的应用中，一次分类汇总可以按(   )个分类字段进行。

A. 1　　　　　　B. 2　　　　　　C. 3　　　　　　D. 4

9. 在 Excel 中，以下关于分类汇总的叙述错误的是 (   )。

A. 分类汇总前必须按分类字段排序

B. 可以进行多次分类汇总，而且每次汇总的关键字段可以不同

C. 分类汇总的结果可以删除

D. 分类汇总的方式只能是求和

10. 只复制工作表中分类汇总结果数据，不复制明细数据，以下正确的操作是(   )。

A. 选择整个工作表，然后进行复制，在目的地粘贴

B. 选择整个数据区域，然后进行复制，在目的地粘贴

C．隐藏明细数据，选择整个数据区域，在"定位条件"对话框中选择"可见单元格"，然后进行复制，在目的地粘贴

D．隐藏明细数据，选择整个数据区域，然后进行复制，在目的地粘贴

三、判断题

1. 在 Excel 排序时，数据区域中可以包含合并的单元格。（   ）

2. 在 Excel 排序时，只能按标题行中的关键字进行排序，不能按标题列中的关键字进行排序。（   ）

3. 在 Excel 中可以按照汉字笔画进行排序。（   ）

4. 在 Excel 中可以通过筛选功能只显示包含指定内容的数据信息。（   ）

5. 在 Excel 中使用分类汇总前，必须先按欲分类汇总的字段进行排序，使同一分类的记录集中在一起。（   ）

四、简答题

1. 为什么要分析电商用户的属性？对企业的经营有什么帮助？

2. 什么是电商的复购率参数？它能反映出哪些问题？

3. 什么是客单价？客单价对经营者有什么参考意义？

五、自主提高

如何将电商平台（淘宝、拼多多等）的店铺经营数据导出，并整理为用户可用的数据？

第 7 章

Power BI 数据可视化实践

↘ 本章导读

Power BI 是微软新一代低代码平台 Microsoft Power Platform 中最重要的成员之一，具有统一、可扩展的自助服务和企业商业智能（BI）平台。该平台旨在通过智能分析数据、快速构建应用、流程自动化及强大的数据可视化表达能力，推动客户业务快速发展。Power BI 可以连接到任何数据并实现数据可视化，将视觉对象无缝融入日常应用中。作为领先的商业智能平台，Power BI 借助 Microsoft Power Platform 和 Azure 行业领先的安全性和性能，提供直观的用户体验和行业领先的高级分析功能。组织可以利用内置的 AI 功能汇集数据，几秒内即可完成分析并揭示深层见解。

本章学习导图

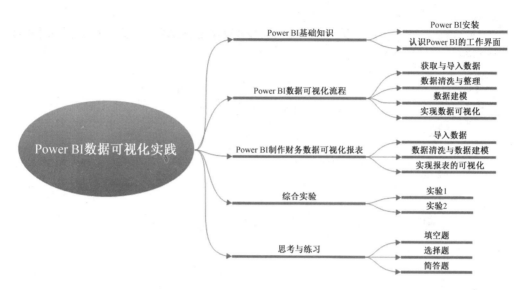

职业素养目标

数据可视化是一种可直观地反映和分析数据的相互关系和变化趋势的重要形式。在进行图表的制作时，需要认真思考、勇于开拓和自主创新。本章将介绍图表处理与数据可视化工具 Power BI，旨在帮助学生掌握利用先进工具进行数据分析与可视化图表制作的方法，并将其应用于实际问题的描述中，进一步提高学生的创造能力。利用图表的相辅相成关系，可以培养学生多维度看问题，体现全面性的同时又突出重点，表述问题要直观可信，着力培育学生描述问题的创造能力和创新精神。

7.1 Power BI 基础知识

Power BI 是一个由软件服务、应用和连接器组成的集合，它们协同工作，将相关数据来源转换为连贯的视觉逼真的交互式见解。数据可以是 Excel 电子表格，也可以是基于云和本地混合数据仓库的集合。使用 Power BI，用户可以轻松连接到数据源，可视化并发现重要内容，并根据需要与任何人共享。

Power BI 包括多个协同工作的组件，其中常用的有 3 个基本组件：Power BI Desktop（Windows 桌面应用程序）、Power BI Service（联机服务型软件）、Power BI Mobile（手机 App）。这三者之间的关系如图 7-1 所示。用户可以通过 Desktop 生成可视化图表并上传至 Service，Mobile 可以在任何地方打开图表并随时发布和展示。

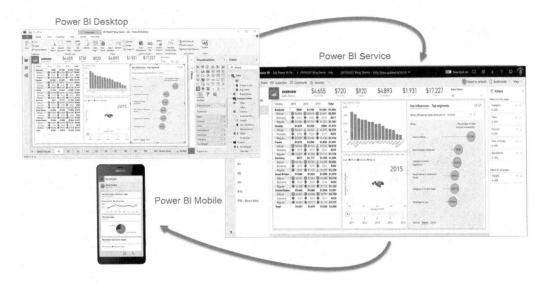

图 7-1　Power BI 组件

除了这 3 个组件，Power BI 还提供了如下两个组件：

（1）Power BI 报表生成器。用于创建想要在 Power BI 服务中共享的分页报表。

（2）Power BI 报表服务器。这是一个本地报表服务器，在 Power BI Desktop 中创建 Power BI 报表后，可以在该服务器中发布报表。

本章所指的 Power BI 一律指的是 Desktop。

7.1.1　Power BI 安装

1. 确认系统需求

在开始安装前，微软官方网站对系统的要求如图 7-2 所示，也就是说，微软官方的最新版本是不支持 Windows 7 及以前的操作系统的。

支持的操作系统

Windows 10, Windows Server 2012 R2, Windows Server 2012, Windows 8, Windows 8.1, Windows Server 2016, Windows Server 2019, Windows 11

Microsoft Power BI Desktop 要求使用 Internet Explorer 10 或更高版本。

Microsoft Power BI Desktop 可用于 32 位 (x86) 和 64 位 (x64) 平台。

图 7-2　安装系统需求

2. 获取正版的 Power BI 安装文件

对于 Power BI Desktop，微软公司在其官方网站提供免费下载，对于 Windows 10 及 Windows 11 的用户，可以在 Microsoft Store 中搜索安装，如图 7-3 所示。

图 7-3　Microsoft Store 安装

如图 7-4 所示，用户也可以通过微软官方下载地址，自行选择 64 位版本或者 32 位版本。

图 7-4　微软官方网站下载

3. 开始安装过程

下载完成可以得到一个名为 PBIDesktopSetup_x64.exe 的可执行文件，双击该可执行文件，即可开始安装 Power BI Desktop，安装过程非常简单，如图 7-5 所示。

图 7-5　Power BI Desktop 安装过程

4. 启动程序

安装程序会在操作系统的桌面和【开始】菜单中添加快捷方式，用于启动 Power BI Desktop。其欢迎界面及整个工作区如图 7-6 所示。

图 7-6　Power BI Desktop 欢迎界面及整个工作区

7.1.2　认识 Power BI 的工作界面

1. 认知 Power BI Desktop 文件

就像 Word 文件以文档形式存在，文件扩展名为*.doc 或*.docx；Excel 文件以工作簿形式存在，文件扩展名为*.xls 或*.xlsx，Power BI 文件以报表形式存在，文件扩展名为*.pbix。

2. Power BI 工作流程

（1）将数据导入 Power BI Desktop，进入 Power Query 界面整理数据，根据需要进行数据合并、转换、条件列、逆透视等操作。

（2）导入数据后，进入数据建模层面，即 Power Pivot 界面，根据需要可以构建数据表之间的关系、新建计算列、计算表、度量值创建等。

（3）切换到报表视图，创建可视化图表。

对于 Power BI Desktop，完成以上 3 个步骤，任务就完成了，而对于其他版本，还可以将报表发布到云端服务器，以便共享使用。

3. 熟悉 Power BI Desktop 界面环境

为了更容易地使用 Power BI Desktop 创建和设计报表，应了解并熟悉该程序的界面。Power BI Desktop 的界面环境由 3 种视图和 1 个查询编辑器组成。

（1）切换 3 种视图，Power Bl Desktop 启动后会出现图 7-6 所示的欢迎界面，关闭欢迎

界面后，窗口区左上角有 3 个视图图标，从上到下依次为"报表""数据""模型"，如图 7-7 所示，单击图标可以切换 3 种视图。

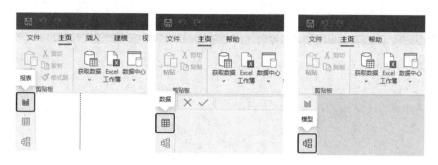

图 7-7　切换 3 种视图

（2）"报表"视图。如图 7-8 所示，"报表"视图主要用于为数据设置可视化效果，以创建最终的报表。"报表"视图由"画布""字段""可视化"等窗格构成。

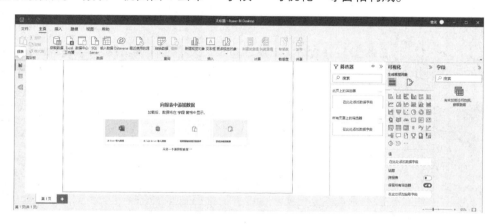

图 7-8　"报表"视图

（3）"数据"视图。如图 7-9 所示，"数据"视图用于查看报表中的数据，"数据"视图中的数据以表格形式显示。在"数据"视图中，可以对现有数据创建度量值、计算列，还可以对数据进行排序、筛选，操作方法类似于 Excel。

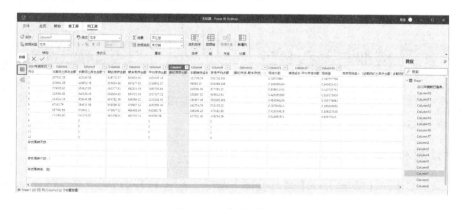

图 7-9　"数据"视图

（4）"模型"视图。如图 7-10 所示，"模型"视图显示了当前加载到 Power BI Desktop 中的所有表，以及它们之间的关系，表以缩略图的形式显示，表之间的连线表示表之间的关系。

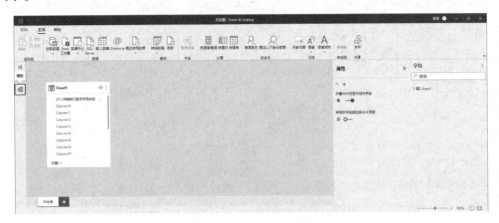

图 7-10　"模型"视图

（5）Power Query。如图 7-11 所示，Power Query 又称查询编辑器，是 Power BI 进行数据整理的工具，执行【主页】→【查询】→【转换数据】命令，即可启动查询编辑器。

图 7-11　查询编辑器

7.2　Power BI 数据可视化流程

7.2.1　获取与导入数据

数据是制作报表的基础，Power BI Desktop 可以直接输入数据，也可以通过导入外部文件的方式获取数据。

1. 手动输入数据

执行【主页】→【数据】→【输入数据】命令，即可打开图 7-12 所示的对话框，在该对话框中可以进行数据的录入。

图 7-12　输入数据窗口

Power BI 支持以下 4 种数据类型：

（1）数值型。Power BI 支持 3 种数值类型：十进制 64 位浮点数、固定小数位（4 位）的十进制数和 64 位整数。

（2）日期型。Power BI 支持 5 种日期类型：① 日期＋时间；② 仅日期；③ 仅时间；④ 日期＋时间＋时区；⑤ 持续时间。

（3）文本型。Power BI 支持 Unicode 字符数据字符串。

（4）逻辑型。Power BI 支持两种逻辑类型：True/False 类型和空白/Null 类型。

需要注意的是，录入数据并不是 Power BI 擅长的功能，基础数据录入工作最好还是交给 Excel 来完成。

2. 连接到数据源

可以将 Power BI Desktop 连接到多种类型的数据源，包括本地数据库、Excel 工作簿和云服务。如图 7-13 所示，执行【主页】→【数据】中对应的菜单命令，可以直接连接到常用的数据源，也可以通过执行【主页】→【数据】→【获取数据】→【更多】命令，打开图 7-14 所示的对话框，选取更多的数据源。在 Power BI Desktop 中，有多种类型的数据源可用。可以选择适合的数据源并建立连接。如果所选源需要身份验证，系统会要求输入登录信息以进行身份验证。

图 7-13　数据菜单

3. 从 Excel 获取数据

Excel 是使用最广泛的电子表格应用程序，也是将数据导入 Power BI 较常用的方法。

（1）选取本地文件。执行【主页】→【数据】→【Excel 工作簿】命令或在图 7-14 所示

的对话框中选择【Excel 工作簿】选项并单击【连接】按钮，弹出【打开】对话框，如图 7-15 所示。Power BI 支持导入或连接至在 Excel 2007 和更高版本中创建的工作簿。工作簿必须是.xlsx 或.xlsm 文件类型，并且小于 1 GB。

图 7-14　获取外部数据窗口

图 7-15　【打开】对话框

（2）连接 Excel 工作簿或其他类型的外部数据文件后，看到的第一个窗口将是"导航器"。如图 7-16 所示，【导航器】窗口显示数据源的表或实体，选择表或实体可预览其内容。

图 7-16　导航器窗口

（3）可以通过单击【加载】按钮导入所选的表或实体，如图 7-17 所示，也可以单击【转换数据】按钮，打开图 7-18 所示的查询编辑器窗口，在导入前转换和清理数据。

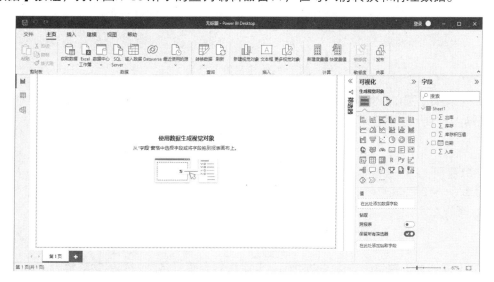

图 7-17　直接加载数据文件

图 7-18　查询编辑器窗口

7.2.2 数据清洗与整理

数据清洗与整理是指对从各种外部数据源导入的数据按照一定的规则进行处理（例如，数据的增删改、格式转换、透视与逆透视、合并等），加工为满足使用要求的数据，然后加载到数据模型中进行数据可视化。在 Power BI 中，完成数据清洗与整理工作的是查询编辑器 Power Query。

1. 了解 Power Query

Power Query 是 Power BI 内置的数据获取、加载与转换的组件，它可以通过界面菜单实现在 Excel 中需要烦琐步骤实现的数据清洗与整理工作，下面就来介绍它的功能菜单。

（1）【主页】菜单。如图 7-19 所示，【主页】菜单包含了数据清洗中常用和核心的功能。

图 7-19 【主页】菜单

（2）【转换】菜单。如图 7-20 所示，【转换】菜单的主要功能是转换数据，如提取行列、值的替换、透视、逆透视等。

图 7-20 【转换】菜单

（3）【添加列】菜单。如图 7-21 所示，【添加列】菜单是添加列的功能集合。

图 7-21 【添加列】菜单

2. 数据清洗与整理功能介绍

（1）将第一行用作标题。对导入 Power BI 中的数据，首先要检查列名称是否正确，如

图 7-22 所示，图中第一张表列名称提取错误，通过查询编辑器的【转换】→【表格】→【将第一行用作标题】即可将第一行提升为列名称。

图 7-22　将第一行用作标题

（2）调整数据类型。在数据表的标题行单击鼠标右键，在弹出的快捷菜单中执行相应命令，可以更改列的数据类型，如图 7-23 所示。

（3）拆分数据列。查询编辑器提供了拆分列的功能，执行【转换】→【文本列】→【拆分列】命令，可以对数据列按指定分隔符或指定位置进行拆分，如图 7-24 所示。

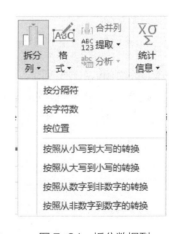

图 7-23　更改列的数据类型　　　　　图 7-24　拆分数据列

（4）添加自定义列。执行【添加列】→【自定义列】命令，查询编辑器可以通过公式创建新列，如图 7-25 所示。此外，还可以添加【条件列】【复制列】【索引列】等。

（5）提取日期中的年、月、日。查询编辑器可以将日期型数据的年、月、日单独提取出来，形成一个新列，执行【添加列】→【日期&时间列】→【时间】命令，效果如图 7-26 所示。

图 7-25　添加自定义列

图 7-26　提取日期中的年、月、日

（6）透视列和逆透视列。

① 逆透视列是将二维表转成一维表，如图 7-27 所示，原始数据是一张成绩表，属于二维表，选中 3 个数据列，执行【转换】→【任意列】→【逆透视列】命令，二维表就被转换成右侧的一维表。

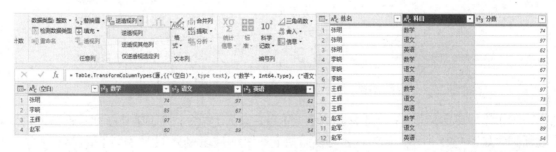

图 7-27　逆透视列操作

② 透视是将一维表转成二维表。选中图 7-27 中右表的【科目】列，执行【转换】→【任意列】→【透视列】命令，弹出图 7-28 所示的对话框，将【值列】设置为【分数】，一维表

就被转换成图中下方的二维表。

图 7-28　透视列操作

（7）合并查询和追加查询。合并查询类似于 Excel 中的合并计算，要求两张表至少有一个相同字段，这样就可以在列的方向上合并两张表。追加查询则要求两张表的列名称必须一致，这样就可以在行的方向上合并两张表。

（8）其他功能。除了上述列出的功能，查询编辑器还提供了诸如分组依据、行列转置、行的调换、值的替换等数据整理功能，受篇幅限制，无法一一展开讲述，建议读者自行实验了解。

7.2.3　数据建模

数据经过清洗整理后，就可以开始数据建模了，对一些较复杂的业务模型，为减少数据的冗余，往往会将数据分类存放于多个表中，然后为这些表建立关系，使所有相关数据成为一个相对统一的整体。Power BI 的一大优势就是可以导入各种不同类型的外部数据源，并且在它们之间创建关系，这与 Access 中的表关系非常相似。

1. 关联关系基数（类型）

关联关系基数主要设定两张表中数据的对应关系，Power BI 中一共提供了 4 种设定模式，分别是一对一（1:1）、多对一（*:1）、一对多（1:*）和多对多（*:*）。

2. 关系的创建与编辑

（1）建立或编辑表之间的关系需要在关系视图下进行，视图的切换在 7.1 节中已经讲述，关系视图界面如图 7-29 所示。图中成绩表和学籍表之间是一对一的关系，学籍表和消费表是一对多的关系。

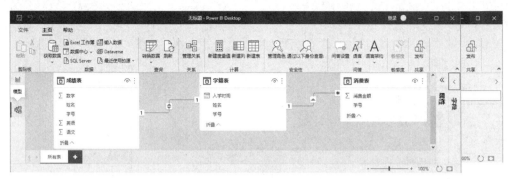

图 7-29　【模型】视图

（2）在大多数情况下，Power BI 会自动检测加载进来的数据并为这些表创建关系，极个别的复杂情况会出现未建立关系或建立关系不准确的情况，这时需要手动建立关系或编辑关系，在图 7-30 所示的表间连线上单击鼠标右键，在弹出的快捷菜单中执行【属性】命令即可编辑，如图 7-30 所示。

图 7-30　编辑表间关系

3. DAX 公式

数据分析表达式（Data Analysis Expressions，DAX）类似于 Excel 的公式，用于对数据模型中的数据进行不同类型的计算。在 Power BI 中，可以使用 DAX 公式创建度量值和计算列等，以实现更复杂的数据分析需求。和 Excel 函数一样，DAX 公式也有自己的输入格式和规则。Power BI 中包含大量的 DAX 函数，用于不同类型的计算需求。

以下是关于 DAX 的基础知识介绍。

（1）DAX 语法。语法是公式的书写格式与规范，DAX 公式引用的单位是整列数据或整张表的数据，这是和 Excel 函数不同的重要点。

度量值名称=表达式，例如：平均分=AVERAGE('成绩表',[数学])。

（2）DAX 运算符。DAX 公式运算符包括算术运算符、比较运算符、文本运算符和逻辑运算符。

（3）DAX 函数类型。DAX 函数可以分为统计函数、数学函数、文本函数、筛选函数、逻辑函数、时间函数和集合函数等，可根据不同的计算需求选择合适的函数。

4. 度量值与计算列

（1）度量值。度量值用于对数据进行简单的汇总分析，如总和、平均值、最大值、最小值和计数等。度量值可以通过报表视图的【字段】标签进行创建，创建好的度量值以计算器标识，在报表中可以像其他字段一样使用。

（2）计算列。计算列是使用一个或多个表中现有的一列或多列数据通过 DAX 公式创建的新列。计算列也是通过报表视图【字段】标签进行创建的，一般进行条件判断等操作。

7.2.4 实现数据可视化

完成数据的清洗整理和数据建模工作后，就是将数据进行可视化展示了，作为 Power BI 的核心部分和基础构建模块之一，数据可视化可以形象直观地帮助人们理解数据的含义。

1. 图表选择的原则

创建可视化图表是数据分析的最后一步，也是数据分析结果展示最关键的一步。选择合适的图表，能从不同角度挖掘数据背后的意义，满足不同用户对数据洞察的需求。在创建可视化图表时，需要遵循如下原则：

（1）建议使用常用图表，如柱形图、折线图、饼图、环形图等。

（2）图表色彩尽量丰富，但不宜过多，推荐同色系。

（3）适当使用图表背景色并分隔图表。

（4）图表尽可能按升序或降序进行排列，以保证数据呈现的规整和易于理解。

（5）重点关注图表的应用场景和局限性。

2. 基于场景选择图表

Power BI 提供了多种可视化图表，如何进行选择成为大多数用户的难题，其实最有效的方法是基于场景选择。

（1）对比分析场景：适合柱形图和条形图。

（2）趋势分析场景：适合折线图和面积图或者带折线图的组合图表。

（3）结构分析场景：适合饼图、圆环图、旭日图、树状图等。

（4）分布分析场景：适合直方图、散点图、气泡图和雷达图。

（5）达成分析场景：适合变形后的圆环图等。

（6）转化分析场景：适合漏斗图。

3. 创建可视化效果

为数据创建可视化效果需要在报表视图中操作，只需要以下简单的两步即可完成。

（1）在报表视图右侧的【字段】选项卡中直接勾选字段名称前的复选框，字段就显示在报表视图中的画布上，也可以拖动字段到画布的适合位置，如图 7-31 所示。

（2）在报表视图右侧的【可视化】选项卡中选择适合的图表类型，画布上就显示了对应的可视化效果，如图7-32所示。

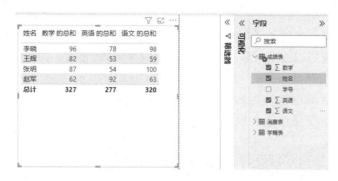

图7-31　为图表选择字段

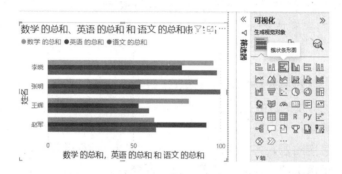

图7-32　选择图表类型生成图表

（3）可视化效果设置。在报表视图【可视化】选项卡的下半部分可以对图表的字段进行设置，选择【可视化】选项卡下的另外两个图标，设置图形的各种属性，还可以对图形添加进一步分析，如图7-33所示。

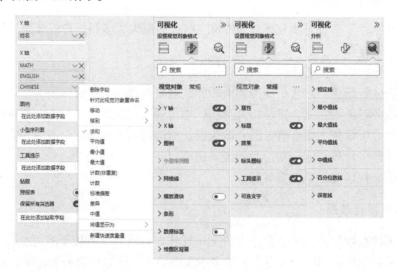

图7-33　对图表字段进行设置

7.3　Power BI 制作财务数据可视化报表

通过上面的学习，相信大家已经对 Power BI 的功能有了初步认识，本节将通过制作财务报表的实例，完成 Power BI 整个可视化报表制作的全流程，让大家熟悉 Power BI 的各种操作。

财务报表是企业财务工作的纪实反映，完整的财务报表包括三大表（现金流量表、资产负债表、利润表）。本节将以某公司两个年度的月度管理费用明细表为例，讲解如何将多个不同数据源的数据进行整合，来建立可视化报表。

 7.3.1　导入数据

1. 案例背景

某公司主营商务咨询类业务，在全国 6 个城市设立了分公司，每个月财务部门都会产生一张管理费用表，在拨付新年度预算前，需要通过可视化报表对过去两年的管理费用进行分析。

2. 数据源

本案例的数据源来自 Excel 工作簿，其中，共有按月份存放的 24 张各分公司管理费用明细汇总表，如图 7-34 所示。

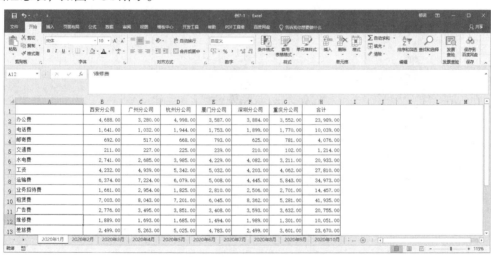

图 7-34　数据源工作簿

3. 操作步骤

（1）新建 Power BI 报表文件。打开 Power BI 程序，系统会自动建立一个未命名的报表

文件，为了使用方便，将其命名为"财务数据报表"并保存，如图 7-35 所示。Power BI 的报表文件扩展名为.pbix。

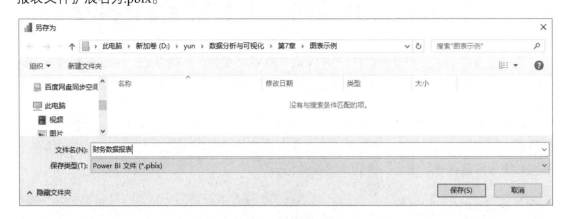

图 7-35　命名并保存报表文件

（2）打开本地数据源文件。在报表视图下执行【主页】→【数据】→【Excel 工作簿】命令，打开本地文件夹，找到数据源保存位置，选中该文件并打开，如图 7-36 所示。

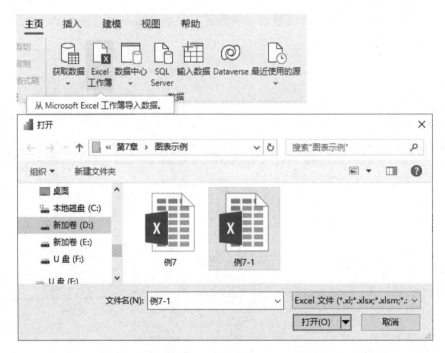

图 7-36　打开数据源文件

（3）导入数据。如图 7-37 所示，导入的文件已经显示在打开的导航器窗口中，因为这个工作簿中包含了 24 张工作表，所以"例 7-1.xlsx"以文件夹的形式显示，下面显示的是其中的 24 张工作表的名称。在文件夹图标上单击鼠标右键，在弹出的快捷菜单中执行【转换数据】命令，到这里，数据导入的工作就全部完成了。

图 7-37　导入数据到 Power BI

7.3.2　数据清洗与数据建模

1. 数据现在在哪儿?

现在，Excel 工作簿已经导入到 Power BI，暂时存放于 Power Query 编辑器中，还没有进入报表。接下来的工作是对数据进行清洗和建模，以适应创建可视化报表的需求。本节的所有操作全都在 Power Query 编辑器中进行。

2. 数据清洗操作步骤

（1）删除多余列。如图 7-38 所示，在 Power Query 编辑器中保留【Name】和【Data】列，【Name】列是工作表的名称，也是数据的时间属性，【Data】列中是工作表的内容，选中这两列并单击鼠标右键，在弹出的快捷菜单中执行【删除其他列】命令，将多余列删除。

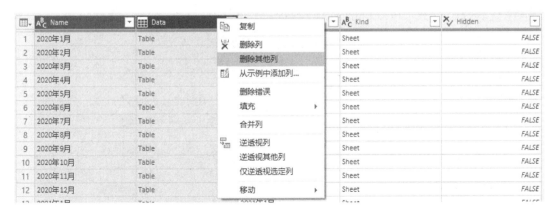

图 7-38　删除多余列

（2）展开工作表数据。单击【Data】列左上角的图标，如图 7-39 所示，注意取消勾选【使用原始列名作为前缀】复选框，将 24 张工作表展开存放在 Power Query 编辑器中。

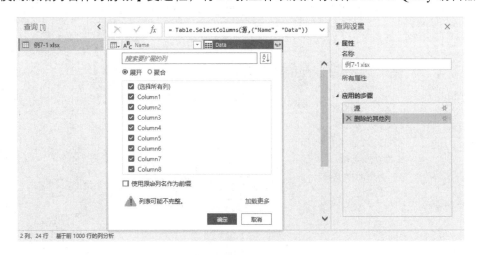

图 7-39 展开工作表数据

（3）删除重复表头行和合计列。展开后的工作表如图 7-40 所示，对表进行如下操作：① 执行【主页】→【转换】→【将第一行用作标题】命令；② 删除最后一列【合计】，删除或筛选掉【合计】行；③ 执行【主页】→【转换】→【数据类型】命令，将第一列转为日期型，第二列转为文本型，其他列转为数字整形；④ 重命名第一列为"时间"，第二列为"科目"；⑤ 执行【主页】→【减少行】→【删除行】→【删除错误】命令，即可将重复的表头行删除。

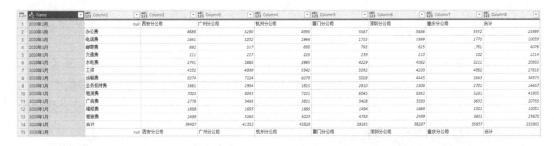

图 7-40 清洗整理数据

（4）完成整理工作。如图 7-41 所示，整理后的数据已经基本满足使用要求。

	时间	科目	西安分公司	广州分公司	杭州分公司	厦门分公司	深圳分公司	重庆分公司
1	2020/1/1	办公费	4686	3280	4998	3587	5884	3552
2	2020/1/1	电话费	1641	1032	1944	1753	1899	1770
3	2020/1/1	邮寄费	692	517	668	793	625	781
4	2020/1/1	交通费	211	227	225	239	210	102
5	2020/1/1	水电费	2741	2685	3985	4229	4082	3211
6	2020/1/1	工资	4252	4939	5342	5092	4203	4062
7	2020/1/1	运输费	6374	7224	6079	5008	4445	5843
8	2020/1/1	业务招待费	1661	2954	1825	2810	2506	2701
9	2020/1/1	租赁费	7003	8045	7201	6045	8362	5281
10	2020/1/1	广告费	2776	5495	3851	5408	3593	3632
11	2020/1/1	维修费	1889	1693	1685	1494	1989	1301
12	2020/1/1	差旅费	2499	5263	5025	4783	2499	3601

图 7-41 整理后的数据

3. 数据建模操作步骤

（1）逆透视表。选中【时间】和【科目】两列，执行【转换】→【任意列】→【逆透视】→【逆透视其他列】命令，如图 7-42 所示。

图 7-42　逆透视其他列

（2）提取日期创建新列。如图 7-43 所示，对逆透视后的表进行加工：① 分别重命名逆透视后的两列为【分公司】和【金额】；② 选择【时间】列，执行【添加列】→【从日期和时间】命令，分别添加年、季度和月列，并执行【转换】→【文本列】→【添加前缀/后缀】命令，为数据添加对应"年、季度"等文字。

图 7-43　创建新列建模

（3）加载数据到报表。表的整理和建模工作进入尾声了，可以将表加载到报表里了，在 Power Query 编辑器中执行【主页】→【关闭】→【关闭并应用】命令，将数据源加载到报表中。

（4）增加度量值。切换到报表视图，选中【字段】选项卡中的数据源表，执行【表工具】→【计算】→【新增度量值】命令，新增【总金额】和【平均金额】两个度量值。公式如图 7-44 所示。

图 7-44　增加度量值

至此，数据的清洗与建模工作全部完成，可以开始制作可视化报表了。

7.3.3 实现报表的可视化

（1）制作切片器。在报表视图的【可视化】选项卡中找到【切片器】图标，在报表上添加两个切片器，分别将【年份】【季度】字段拖入切片器，并在【可视化】标签中设置效果，如图 7-45 所示。

图 7-45 制作切片器

（2）制作折线图。为保证整张报表可视化元素风格的统一性，复制切片器并粘贴，然后在【可视化】选项卡中单击【折线图】图标，切换图表类型，设置 x 轴为【月份】字段，y 轴为【总金额】度量值，效果如图 7-46 所示。

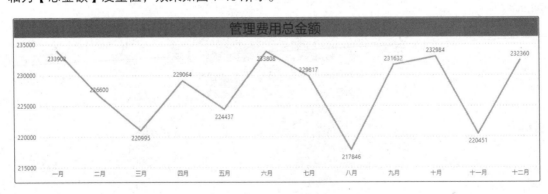

图 7-46 制作折线图

（3）使用复制后更改图表类型的方法，依次制作卡片图、柱状图和树状图。不再一一赘述创建过程。由这些图表组成最终报表，如图 7-47 所示。

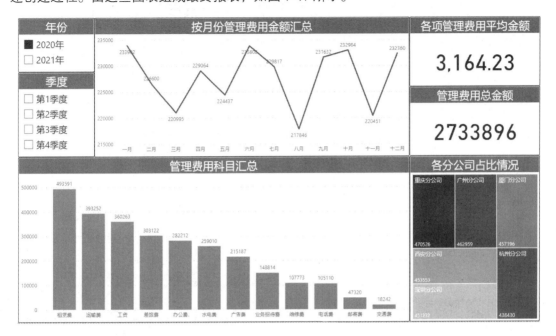

图 7-47 某公司财务可视化报表

7.4 综合实验

实验 1

1. 实验目的

掌握 Power BI 可视化报表的制作流程，重点掌握数据清洗与建模过程。

2. 实验内容

现有长城汽车官网下载的 2021—2022 年各月产销数据存放于"例 7-2.xlsx"工作簿中，请使用表中的数据创建可视化报表，展现各月份产销情况对比。

3. 实验步骤

本实验中绝大部分操作步骤与 7.3 节雷同，因此只讲解几个关键节点。

（1）导入数据。执行【主页】→【获取数据】→【Excel 工作簿】命令，选中数据源文件。在【导航器】窗口中右键单击数据源文件，在弹出的快捷菜单中执行【转换数据】命令，如图 7-48 所示。

（2）清洗数据。删除多余列并展开工作表后，得到的数据表如图 7-49 所示。详细步骤请参见第 7.3 节，此处不再赘述。

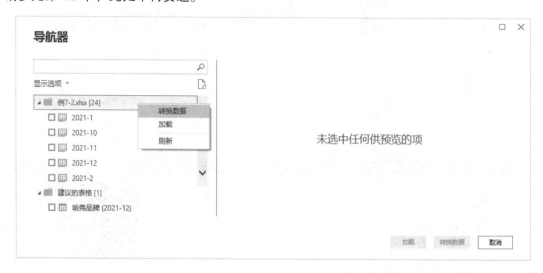

图 7-48　转换数据源

月份	子品牌	销量	产量
1	2021/12/1	哈弗品牌	94387	95416
2	2021/12/1	WEY品牌	10065	10371
3	2021/12/1	长城皮卡	25033	24445
4	2021/12/1	欧拉品牌	20926	21328
5	2021/12/1	坦克品牌	11958	11400

图 7-49　清洗后的数据表

（3）数据建模。使用月份和子品牌逆透视其他列，然后添加年份列、月份列，生成如图 7-50 所示的数据表，再将数据表加载到报表中。

	月份	子品牌	属性	值	年	月份.1
1	2021/12/1	哈弗品牌	销量	94387	2021	12
2	2021/12/1	哈弗品牌	产量	95416	2021	12
3	2021/12/1	WEY品牌	销量	10065	2021	12
4	2021/12/1	WEY品牌	产量	10371	2021	12
5	2021/12/1	长城皮卡	销量	25033	2021	12
6	2021/12/1	长城皮卡	产量	24445	2021	12
7	2021/12/1	欧拉品牌	销量	20926	2021	12
8	2021/12/1	欧拉品牌	产量	21328	2021	12
9	2021/12/1	坦克品牌	销量	11958	2021	12
10	2021/12/1	坦克品牌	产量	11400	2021	12

图 7-50　数据建模完成的数据表

（4）创建可视化报表。创建切片器、折线图、饼状图等可视化图表，将其组合生成 2021—2022 年度产销情况报表，如图 7-51 所示。

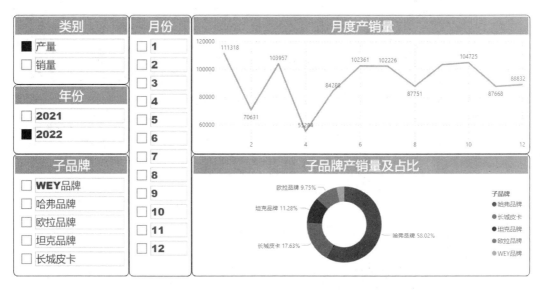

图 7-51　制作完成的可视化报表

📺 **实验 2**

1. 实验目的

掌握 Power BI 获取数据、清洗数据、数据建模及制作可视化报表全过程的操作方法。

2. 实验内容

从网络获取上市公司公布的多年份财务年报数据，将其导入 Power BI 并制作可视化年报。

3. 实验步骤

（1）获取数据。上市公司年报可以从各大财经网站及证券交易所网站获取。
（2）其他步骤请读者自主完成。

7.5　思考与练习

一、填空题

1. Power BI 的数据类型有（　　）（　　）（　　）（　　）（　　）。
2. 在 Power BI 中对数据进行转换和整理是在（　　）里进行的。
3. Power BI 制作报表在（　　）视图中进行。
4. Power BI 中的度量值是使用（　　）编写的。
5. 数据分析的场景可分为（　　）（　　）（　　）（　　）（　　）（　　）几大类。

二、选择题

1. 在生成报表前，将使用哪种工具来清理数据？（　　　）

A. 导航器视图 　　　　　　　　　　B. Power Query 编辑器

C. 新度量值 　　　　　　　　　　　D. 新参数

2. 创建视觉效果的方法是什么？（　　　）

A. 将"字段"列表中的某个字段拖到"可视化效果"窗格。

B. 将"字段"列表中的某个字段拖到"模型"视图画布。

C. 将"字段"列表中的某个字段拖到"报表"视图画布。

D. 将"字段"列表中的某个字段拖到"数据"视图画布。

3. 将表格数据从网站导入 Power BI 的最佳方式是什么？（　　　）

A. 从网站下载数据，然后导入 Power BI

B. 将数据从网站传输到 OneDrive，然后导入 Power BI

C. 选择"获取数据"并指向 URL

D. 使用查询编辑器查找和编辑基于 Web 的数据

4. Power BI 的扩展名是（　　　）。

A. DOC　　　　　　　B. XLS　　　　　　　C. PPT　　　　　　D. PBIX

三、简答题

1. 选择图表进行数据可视化时应考虑哪些因素？

2. Power BI Desktop 的视图包括哪 3 种？各有何作用？

3. 数据的透视和逆透视可以实现什么样的功能？

第 8 章
Tableau 数据可视化
实践

➦ **本章导读**

Tableau 成立于 2003 年，源自斯坦福大学计算机科学项目，旨在改善分析流程，让人们通过可视化更轻松地使用数据。Tableau 是一种可视化分析平台，可以通过直观的界面将拖放操作转化为数据查询，从而对数据进行可视化呈现。Tableau 是目前非常流行的报表分析工具，具备强大的统计分析扩展功能。它能够根据用户的业务需求对报表进行开发和迁移，实现独立自主、简单快速的业务分析，可以界面拖曳式的操作方式对业务数据进行联机分析处理和即时查询。

Tableau 可以连接到一个或多个数据源，支持单数据源的多表连接和多数据源的数据融合，可以轻松地对多源数据进行整合分析，无须任何编码基础。连接数据源后，只需要用拖放或点击的方式就可快速创建出交互、精美、智能的视图和仪表板，无须依赖开发人员，即使是零基础的 Excel 用户，也能很快、很轻松地使用 Tableau 进行数据分析。

📖 本章学习导图

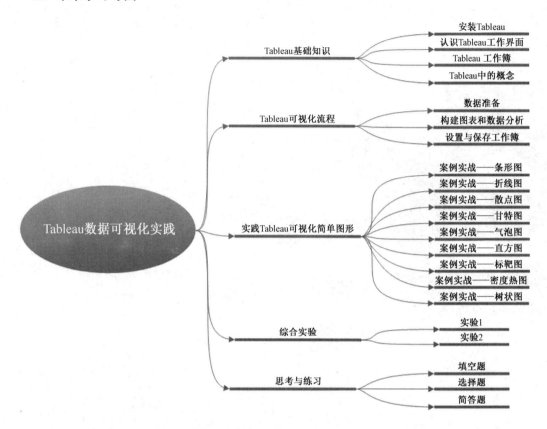

📝 职业素养目标

Tableau 是一款商业软件,需要购买正式版才能使用,但它的官方网站提供了 14 天的免费试用版本。希望读者能够尊重知识产权,拒绝使用盗版软件。正版软件的使用是一个良好的起点,能够帮助学生开拓视野,了解全球范围内涉及互联网、大数据、云计算、人工智能、区块链等技术的创新发展。

数字经济正在以前所未有的速度发展,辐射范围较广,影响程度较深。它正在成为重新组织全球要素资源、重塑全球经济结构、改变全球竞争格局的关键力量。本章将展示一些看似简单的数据背后所蕴含的丰富信息,这些数据都来自同一个数据源。希望通过这些信息技术中的数字化案例,介绍百度的李彦宏、腾讯的马化腾、联想的创始人柳传志等,让学生了解信息技术浪潮中的机遇和挑战,以及尊重知识产权、掌握先进技术的魅力。

8.1 Tableau 基础知识

8.1.1 安装 Tableau

Tableau 一共提供了 3 个版本的软件供用户下载，各版本介绍如下。

（1）Tableau Prep。帮助更多人快速自信地进行数据流合并、整理、清理和实施，从而更快地进行分析。

（2）Tableau Desktop。一款 PC 桌面操作系统中（只支持 Windows 系统）的数据可视化分析软件，分个人版和专业版（个人版只能导入 Excel，专业版可以导入各种数据库）。

（3）TableauServer。完全面向企业的商业智能应用平台，基于企业服务器和 Web 网页，用户使用浏览器进行分析和操作，还可以将数据发布到 TableauServer，以便与同事进行协作，实现了可视化的数据交互。

此外，Tableau 还提供了云端服务 Tableau Online，可实现云端自助式分析。

本章主要介绍 Tableau Desktop 2022.4 版本，其对软、硬件的需求如下。

（1）操作系统：Microsoft Windows 8/8.1、Windows10 (x64)。

（2）硬件：2 GB 内存，至少 1.5 GB 可用磁盘空间；CPU 必须支持 SSE 4.2 和 POPCNT 指令集。

1. 下载软件

下载最新版本的 Tableau Desktop，在浏览器中访问 Tableau 官网免费试用版本，如图 8-1 所示。注意：下载得到的是 14 天的免费试用版，到期后需要付费使用，在校学生可以在其官网 https://www.tableau.com/zh-cn/ academic/students 中使用学校的 edu 邮箱申请学生试用权限。

图 8-1 官网最新版本下载页面

2. 软件安装

下载得到的软件安装包是一个可执行文件，运行它即可安装 Tableau Desktop，安装过程如图 8-2 所示。

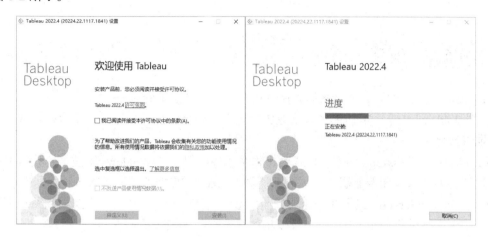

图 8-2　Tableau Desktop 的安装过程

8.1.2　认识 Tableau 工作界面

开始页面由【连接】【打开】和【探索】3 个窗格组成，如图 8-3 所示。可以连接到数据、打开最近使用的工作簿，以及探索和浏览 Tableau 社区的内容。

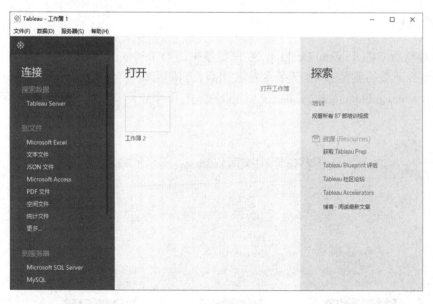

图 8-3　开始页面

（1）连接。可以打开本地文件，例如，Excel、PDF 等文件格式，同时内置了各种数据库连接器，连接 Web 上的各种数据库，如图 8-4 所示。

图 8-4　Tableau 内置的各种数据库连接器

（2）打开。用于打开各种 Tableau 支持格式的本地文件。

（3）探索。可以阅读有关 Tableau 的博客文章和新闻，以及查找培训视频和教程来帮助你开始操作。最重要的是，可以在 Tableau 社区中发现很多设计巧妙的可视化图表，为你的设计带来更多灵感。

8.1.3　Tableau 工作簿

（1）Tableau 文件结构。Tableau 使用的是工作簿和工作表文件结构，这与 Excel 十分类似。工作簿包含工作表，后者可以是工作表、仪表板或故事。Tableau 工作簿的文件名是*.twb，打包工作簿的文件名是*.twbx。

（2）工作簿界面。Tableau 工作簿打开后如图 8-5 所示，Tableau 的工作区域就在这里，图中显示的是一个空白的未连接数据的工作簿。工作簿中包含两张工作表。

图 8-5　Tableau 工作区

（3）切换工作区和开始页面。如图 8-6 所示，单击工作区和开始页面的图标，可以在工作区和开始页面之间进行切换。

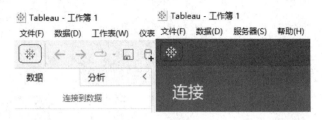

图 8-6　界面切换按钮

8.1.4　Tableau 中的概念

（1）工作簿。在 Tableau 中，1 个工作簿就是 1 个 Tableau 文件，工作簿是 Tableau 中最大的组织单位。每个工作簿可以包含不同类型的工作表，包括视图（又称工作表）、仪表板和故事。通过将字段拖放到功能区上，可以在工作表中生成数据视图。

（2）仪表板。多个视图的组合，可对这些工作表进行安排，以便演示或进行监视。

（3）故事。一系列共同作用以传达信息的视图或仪表板。

（4）维度和度量。字段在数据窗格中用水平线分为维度和度量。在 Tableau 中，维度作为自身出现在视图中，而度量则自动聚合；度量的默认聚合为 SUM。

维度是定性的，也就是它们是被描述的，而不是被测量的。维度通常包括城市或国家/地区、眼睛颜色、类别、团队名称等，并且通常是离散的。

度量通常是定量的，这意味着它们可以被测量和记录（数值）。度量通常包括销售额、高度、点击次数等，并且通常是连续的。如果可以对字段进行数学运算，那么它就是一个度量。

（5）离散和连续。连续和离散是数学术语。连续意指"构成一个不间断的整体，没有中断"；离散意指"各自分离且不同"。

离散字段（蓝色）包含不同的值，离散值被视为有限。它们组成视图中的标题或标签。

连续字段（绿色）值被视为无限范围，形成一个不间断的整体。它们组成视图中的轴。

（6）蓝色字段与绿色字段。Tableau 在视图中以不同的方式表示数据，具体取决于字段是离散字段（蓝色）还是连续字段（绿色）。

（7）数据类型。数据源中的所有字段都具有一种数据类型。数据类型反映了该字段中存储信息的种类，例如，整数（如 410）、日期（如 2023/1/23）和字符串（如"Wisconsin"）。Tableau 支持文本、数字、日期、日期和时间、逻辑 5 种类型的数据。

8.2　Tableau 可视化流程

通过学习 Excel 和 Power BI，我们已经了解了数据可视化的流程，在这个流程中，先有数据后有图，并且数据必须满足需求，不满足要求的数据需要进行加工。制作图表时，需要

根据需求选择合适的图表类型，并根据需求设置图形，突出重点元素。本节将以 Tableau Desktop 中文版自带的"示例-超市"作为数据源，演示由数据到可视化图表的全流程。

8.2.1 准备数据

1. 连接数据

在 Tableau 中，进行工作的第一步是连接数据源，Tableau 支持连接到存储在本地或云端的各种数据文件，还可以使用连接器和各类数据库服务器连接获取数据。在 Tableau 的开始页面执行【连接】→【Excel 文件】命令，在图 8-7 所示的对话框中选择"示例-超市"，这样就将 Excel 文件和当前工作簿文件进行了连接。

图 8-7　连接 Excel 文件

2. 整理数据

（1）打开工作簿的数据源窗口，将数据源的 3 张数据表拖到空白区域，如图 8-8 所示。

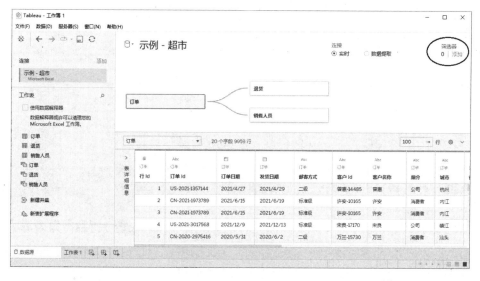

图 8-8　数据源操作窗口

（2）添加筛选器。在图 8-8 的右上角单击【筛选器】选项组中的【添加】按钮，如图 8-9

所示，添加【订单日期】为筛选字段，以【年】为筛选条件，选择 2020 年的数据。筛选结果如图 8-10 所示，这里只显示了 2020 年的所有订单。注意，这里的筛选是对数据源的筛选，即在整个工作簿中，不论是工作表还是仪表板，都只能看到 2020 年的订单。注意把它和工作表中的筛选进行区别，工作表中的筛选是显示筛选，仅针对某张图表，不针对数据源，不对工作簿看到的数据产生影响。

图 8-9　添加筛选器筛选数据

Abc 订单	日 订单	日 订单	Abc 订单	Abc 订单	Abc 订单	Abc 订单	Abc 订单	Abc 订单	Abc 订单	Abc 订单
订单 Id	订单日期	发货日期	邮寄方式	客户 Id	客户名称	细分	城市	省/自治区	国家/地区	地区
CN-2020-25054...	2020/1/22	2020/1/26	二级	陶磊-16105	陶磊	公司	开原	辽宁	中国	东北
CN-2020-20457...	2020/2/1	2020/2/6	标准级	曹诚-11350	曹诚	公司	新民	辽宁	中国	东北
CN-2020-38156...	2020/2/27	2020/3/4	标准级	丁妮-18610	丁妮	公司	禹州	河南	中国	中南
CN-2020-1122727	2020/2/27	2020/3/3	标准级	余凤-12970	余凤	公司	运城	山西	中国	华北
CN-2020-1190387	2020/2/28	2020/3/1	一级	常松-20575	常松	消费者	上海	上海	中国	华东
CN-2020-26623...	2020/3/4	2020/3/6	二级	段杰-14800	段杰	公司	哈尔滨	黑龙江	中国	东北
CN-2020-26623...	2020/3/4	2020/3/6	二级	段杰-14800	段杰	公司	哈尔滨	黑龙江	中国	东北
CN-2020-30646...	2020/3/11	2020/3/16	二级	韩凤-12820	韩凤	小型企业	哈尔滨	黑龙江	中国	东北
CN-2020-41264...	2020/3/11	2020/3/16	标准级	钱珊-19855	钱珊	公司	南昌	江西	中国	华东
CN-2020-41264...	2020/3/11	2020/3/16	标准级	钱珊-19855	钱珊	公司	南昌	江西	中国	华东

图 8-10　筛选后的数据

8.2.2　构建图表和数据分析

数据已经就绪了，接下来开始制作图表。这里以最常用的数量分析数据作为例子。

1. 创建图表

将当前工作簿从数据源页面切换到工作区，如图 8-11 所示，将左侧【数据】标签下的【类别】字段拖到列，将【数量】字段拖到行，一张图表就初步制作完成了。如果需要对表

中的字段进行增删，将新增字段拖入右侧顶端的【行】或【列】中，想要移除某个字段，在其"胶囊"图标上单击鼠标右键，在弹出的快捷菜单中执行【移除】命令即可。

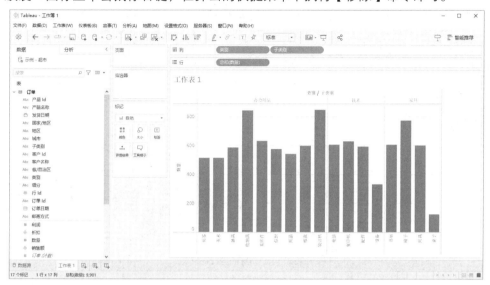

图 8-11　制作 Tableau 智能推荐的图表

2. 设置与美化图表

（1）选择图表类型。图 8-11 所示的条形图是 Tableau 自动根据工作表行、列智能推荐的，用户也可以自己选择，如图 8-12 所示，可以在图表左侧【标记】下拉列表和右侧上部的【智能推荐】图表中进行选择。关于图表类型的选择，请读者参照阅读本书第 7 章中关于图表类型选择的章节。

图 8-12　设置图表类型

（2）设置图表参数。针对不同类型的图表，Tableau 设置了不同的参数供用户进行设置，对于柱形图，主要设置 3 个参数，分别是颜色、柱形图标签和柱形图的大小（粗细），如图 8-13 所示。Tableau 可以自动标识最大值和最小值。

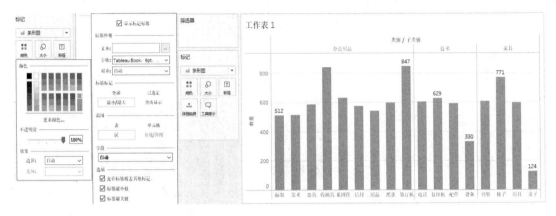

图 8-13　设置图表参数

（3）对图表数据进行筛选。如图 8-14 所示，将【数据】标签中的【细分】字段拖入【列】，这时图表中的【类别/子类别】将按【细分】字段再分 3 类显示，这时可以将【细分】字段拖入筛选器，设置仅保留【消费者】字段的数据，设置完成后如图 8-14 所示。此时的销量统计为按产品类别/子类别统计后，再统计由普通消费者购买的数量。

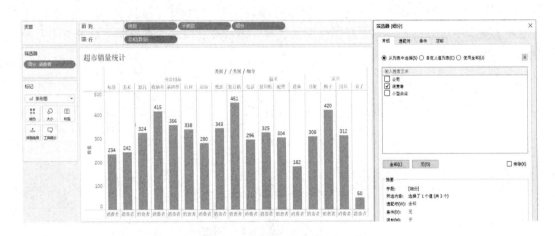

图 8-14　筛选数据形成新的图表

（4）分析数据。Tableau 的强大之处在于它对数据的分析能力，将【分析】标签下的【参考线】拖到图表区，对参考线类型进行设置，如图 8-15 所示，参考线可以按整张工作表设置，也可以分区设置，对参考线的图形和标识也可以在图 8-15 右图中进行相关设置。最终效果如图 8-16 所示。

图 8-15　为图形设置参考线分析数据

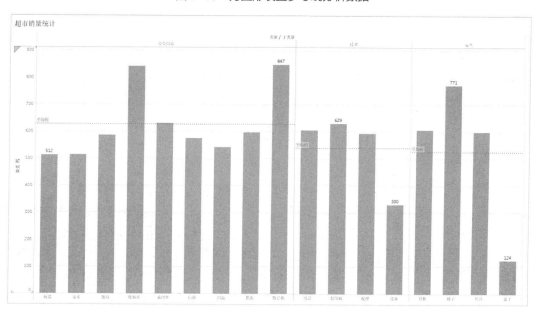

图 8-16　添加了参考线的图表

8.2.3　设置与保存工作簿

1. 导出工作表为图像

在工作表视图下执行【工作表】→【导出】→【图像】命令，如图 8-17 所示，可将制作的图表导出为各种格式的图像文件。

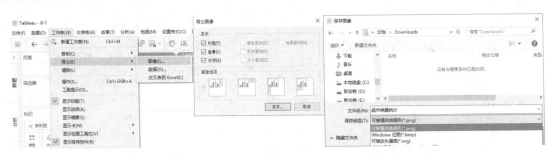

图 8-17　导出图表为图像文件

2. 导出图表为 PDF 文件

如图 8-18 所示，执行【文件】→【打印为 PDF】命令，即可将工作簿中的工作表以 PDF 文件形式保存。

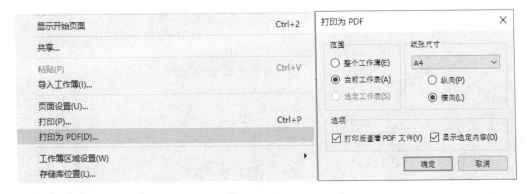

图 8-18　导出工作表为 PDF 文件

3. 保存工作簿文件

工作簿通常引用外部资源。工作簿可能会引用背景图像或本地文件数据源，如 Excel 文件、Access 文件和 Tableau 数据提取文件（.hyper 或.tde）。在保存工作簿时，也将保存指向这些资源的链接。下次打开该工作簿时，将自动用所有数据和图像更改来更新视图。

打包工作簿包含工作簿及所有本地文件数据源和背景图像的副本。该工作簿不再链接到原始数据源和图像。将以.twbx 扩展名来保存这些工作簿。其他用户可以使用 Tableau Desktop 或 Tableau Reader 打开打包的工作簿。打包工作簿中包括以下文件：背景图像、自定义地理编码、自定义形状、本地多维数据集文件、Microsoft Access 文件、Microsoft Excel 文件、Tableau 数据提取文件（.hyper 或.tde）和文本文件（.csv、.txt 等）。

8.3　实践 Tableau 可视化简单图形

每次在 Tableau 中构建视图时，都需要先提出一个问题。你需要了解什么？每次将字段拖到视图中或功能区时，都要提出有关数据的问题。问题将因你将各字段拖到何处、字段的类型及将字段拖到视图中所采用的顺序而异。

对于你提出的每个数据相关问题，可视化项中的标记都会更新，使用形状、文本、大小、颜色、标题、轴、分层结构或表结构以直观方式呈现答案。

Tableau 一共提供了十余种图表类型，本节将以内置的示例文件为数据源制作相关图表，为读者后续进一步学习使用仪表板及故事制作报表打好基础。

8.3.1　案例实战——条形图

1. 使用条形图可在各类别之间比较数据

创建条形（竖）图时会将维度放在"行"功能区上，并将度量放在"列"功能区上，反之则为条形（横）图。

2. 例题

例 8-1　使用"示例-超市"中的数据，使用条形图展示 4 年间的总销售额情况。

操作步骤如下：

（1）连接数据源，步骤见 8.2 节。

（2）将【订单日期】字段拖到【列】，并将【销售额】字段拖到【行】。注意，数据将按年份汇总，并将显示列标题。【销售额】字段将计算为总和，并创建一个轴，而列标题将移到视图的底部。由于这里使用年份作为分类标准，所以，Tableau 会优先使用折线图。在【标记】标签的下拉列表中将图表类型更改为【条形图】，如图 8-19 所示。

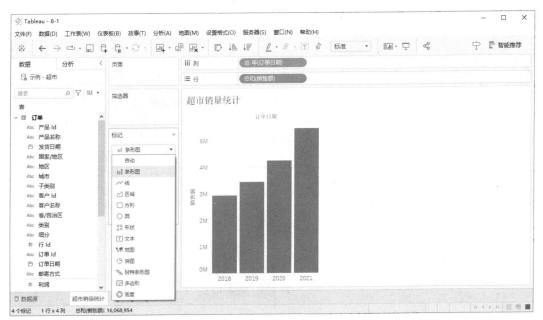

图 8-19　基础条形图

（3）为视图添加【邮寄方式】维度。将【邮寄方式】字段拖到"标记"卡上的"颜色"。

如图 8-20 所示，视图显示了不同的邮寄方式如何影响一段时间内的总销售额，每年的比率似乎都一致。

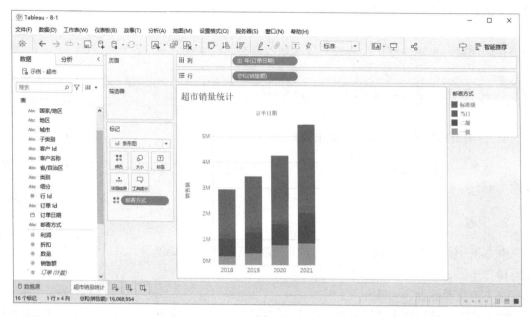

图 8-20　添加邮寄方式维度

（4）为视图添加【地区】字段。将【地区】字段拖到【行】区域，放到【总和（销售额）】之前，注意，位置将决定图表的布局，再将【地区】字段拖动到【筛选器】标签中，设置筛选条件为"华北"，最终效果如图 8-21 所示。

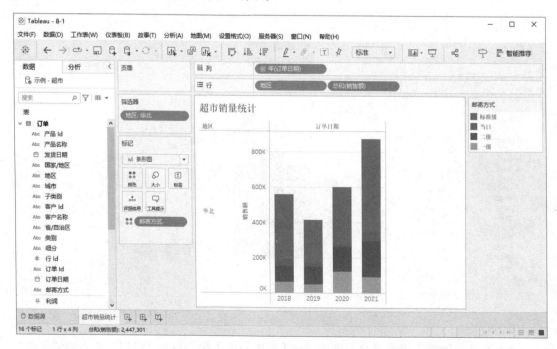

图 8-21　添加筛选器后的视图

8.3.2 案例实战——折线图

1. 折线图将视图中的各数据点连接起来

折线图为直观显示一系列值提供了一种简单方法，适合显示数据随时间变化的趋势，或者预测未来的值。

2. 例题

例 8-2　使用"示例-超市"中的数据创建一个折线图，以显示所有年份的销售额总和及利润总和，然后使用预测确定趋势。

操作步骤如下：

（1）连接数据源，步骤参见 8.2 节。

（2）将【年（订单日期）】字段拖到【列】区域，Tableau 按年份对日期进行分类并创建列标题。将【总和（销售额）】字段拖到【行】区域。Tableau 会将【总和（销售额）】字段计算为总和，并显示一个简单的折线图。将【总和（利润）】字段拖到【行】区域，并将其放在【总和（销售额）】字段的右侧。如图 8-22 所示，Tableau 会沿左边缘为【销售额】和【利润】创建单独的轴。

请注意，这两个轴的刻度不同：【销售额】轴的刻度是 0～6000000，而【利润】轴的刻度是 0～700000。这会使用户很难看出销售额的值远远大于利润值，因此，当要在一个折线图中显示多个度量时，可以对齐或合并轴，以便用户比较值。

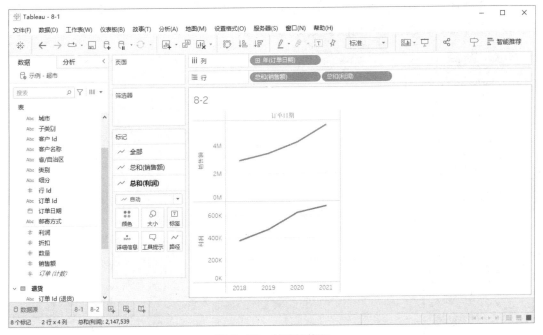

图 8-22　基础折线图

（3）合并坐标轴。将【行】区域中的【总和（利润）】字段从【行】区域拖到【销售额】

轴，以创建一个混合轴。两个淡绿色双杠表明【利润】和【销售额】在松开鼠标时将使用混合轴。操作及更新后的图表如图 8-23 所示。因为要查看每年的值的总和，所以视图显得非常稀疏。

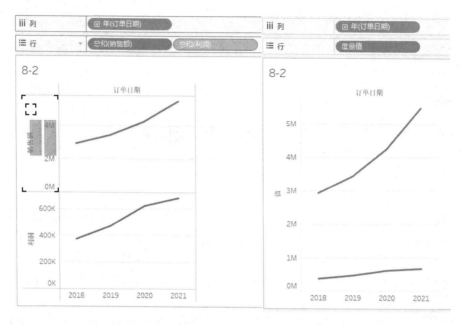

图 8-23　合并坐标轴

（4）单击【列】区域中【年（订单日期）】字段中的下三角按钮，并选择菜单靠下部分中的【月】选项，如图 8-24（左）所示，以查看 4 年内值的连续范围。注意，这里的列胶囊从蓝色变成了绿色，也就是从离散值变成了连续值。

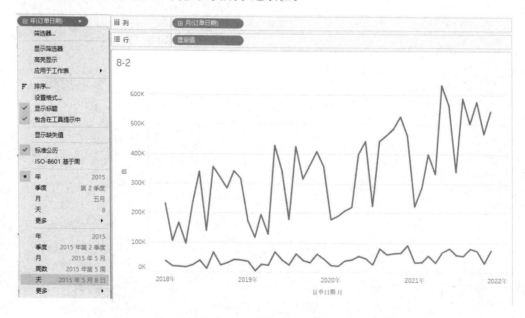

图 8-24　改为按月份查看

由图 8-24 可以发现，每年年底之前的值似乎高很多，这种模式称为季节性。如果在视图中启用预测功能，可以看到这种明显的季节性趋势是否会持续到未来。

（5）添加预测。若要添加预测，在【分析】选项卡中将【预测】模型拖到视图中，如图 8-25 所示。

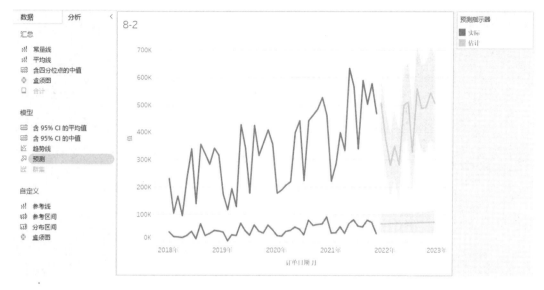

图 8-25　添加预测到视图

8.3.3　案例实战——散点图

1. 使用散点图可以直观显示数字变量之间的关系

散点图主要用于分析两个字段之间的数值相关性，这种相关性关系可以是线性相关或者其他相关。

2. 例题

例 8-3　使用"示例-超市"中的数据分析销售额和利润之间的相关性。

操作步骤如下：

（1）创建基础散点图。将【利润】字段拖到【列】区域，Tableau 将此字段计算为总和并创建水平轴。将【销售额】字段拖到"行"区域。Tableau 将此字段计算为总和并创建垂直轴。度量值可以由连续数值数据组成。当根据一个数字绘制另一个数字时，将比较这两个数字；生成的图表类似于笛卡儿图表，包含 x 和 y 坐标。现在，将【类别】字段拖动到【标记】标签的【颜色】上。具有单标记的散点图如图 8-26 所示。

（2）分区域查看相关性。扩大样本的数量，将【地区】字段拖到【标记】标签的【详细信息】和【形状】上，对比图 8-27 所示的左右两图，看看有什么不同。现在视图中有更多的标记。标记数量等于数据源中不重复的地区数乘以类别数。

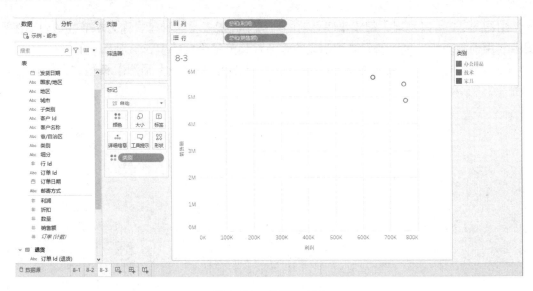

图 8-26　基础散点图

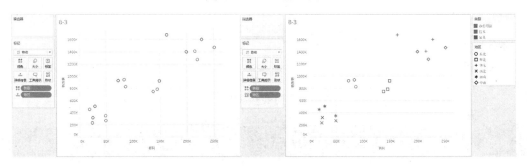

图 8-27　地区标记对图形的影响

（3）添加趋势线，分析相关性。在【分析】选项卡中将【趋势线】拖动到图表中，如图 8-28 所示，按产品类别共出现 3 条趋势线，越靠近上方，其线性相关的 R^2 越小，表明相关性越差。分析可知，办公用品的销售额和利润相关性最大。

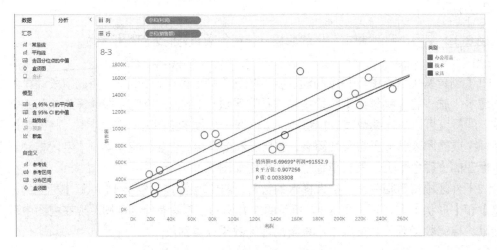

图 8-28　销售额与利润散点图

8.3.4 案例实战——甘特图

1. 甘特图用来显示事件或活动的持续时间

在甘特图中，每个单独的标记（通常是一个条形）显示一段持续时间。例如，可以使用甘特图显示一系列产品的平均交货时间。

2. 例题

例 8-4　使用"示例-超市"中的数据创建显示下单日期和发货日期之间要等待多少天的甘特图。

操作步骤如下：

（1）创建基础甘特图。将【周（订单日期）】字段拖到"列"区域。默认按年份进行分类，右击鼠标，将其调整为"周数"，生成图 8-29 所示的甘特图。

图 8-29　基础甘特图

（2）将【类别】字段和【邮寄方式】字段拖到【行】区域。将【邮寄方式】放到【类别】的右边。此时的甘特图如图 8-30 所示，纵轴是两级结构的嵌套。可以看到 4 年时间，间隔周数达 208 周，需要对数据进行加工。图中的标记大小一致，无法用来表示题目所要求的不同等待时间间隔。这里将根据订单日期和发货日期之间的间隔长度来确定标记的大小，因此，需要创建一个计算字段来捕获该间隔。

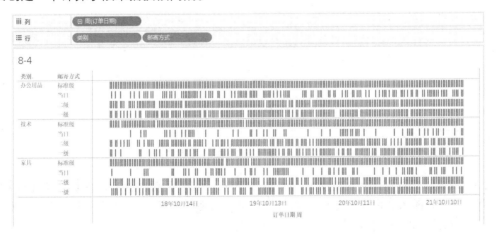

图 8-30　加入行字段后的甘特图

（3）创建计算（度量）字段。选择【分析】→【创建计算字段】命令，如图 8-31 所示，添加一个名为【等待发货时间】的字段，将字段添加到工作簿数据源中。

图 8-31　创建计算字段

（4）设置计算字段。将新创建的【等待发货时间】字段拖到【标记】标签卡的【大小】区域。【等待发货时间】的默认计算方式是总和，但在本题中，平均值更合理。如图 8-32 所示，右键单击【标记】标签卡上的【总和（等待发货时间）】字段，在弹出的快捷菜单中执行【度量（总和）】→【平均值】命令。

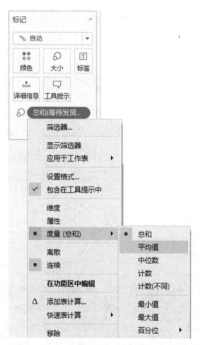

图 8-32　更改计算方式为平均值

（5）设置日期筛选器。标记大小的问题解决了，但 208 周太多了，将【订单日期】拖动到【筛选器】标签卡，设置一个较短的时间周期，如图 8-33 所示。为突出显示效果，将【邮寄方式】拖动到【标记】标签卡的【颜色】区域。

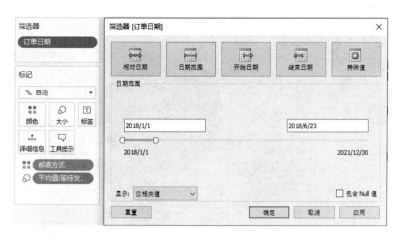

图 8-33　设置筛选器和颜色

（6）最终显示效果如图 8-34 所示。

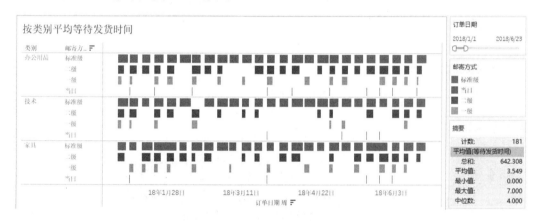

图 8-34　等待发货时间甘特图

8.3.5　案例实战——气泡图

1. 使用填充气泡图可以在一组圆中显示数据

类别定义各个气泡，数量定义各个圆的大小和颜色，可以反映数据分布情况。

2. 例题

例 8-5　使用"示例-超市"中的数据创建显示不同产品类别的销售额和利润信息的填充气泡图。

操作步骤如下：

（1）制作基础填充气泡图。将【类别】字段拖到【列】区域。将【销售额】字段拖到【行】区域。因为有一个数量字段，所以 Tableau 自动创建的是柱形图，在工具栏右侧的【智能推荐】→【填充气泡图】中更改图表类型为填充气泡图，如图 8-35 所示。

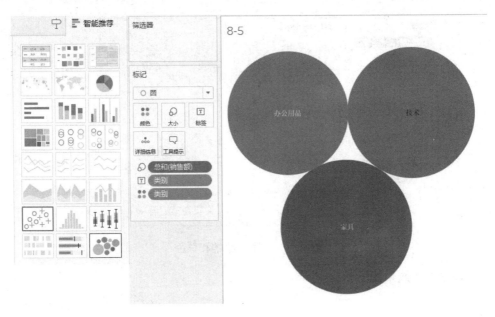

图 8-35　基础填充气泡图

（2）添加分类信息。将【地区】字段拖动到【标记】标签卡的【颜色】详细信息上，增多气泡的数量，气泡数量=不重复的地区数×类别数，如图 8-36 所示。

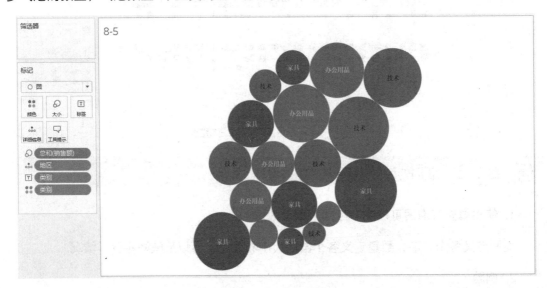

图 8-36　添加信息后的气泡图

（3）添加利润率计算字段到气泡图。现在的气泡图大小反映了销售额，颜色反映了产品类别，但类别已经以文字形式显示在气泡中了，因此，还可以向其中添加一个利润率信息。执行【分析】→【创建计算字段】命令，字段名称为"利润率"，公式为"利润/销售额"，如图 8-37 所示。

图 8-37　添加计算字段

（4）美化设置。将利润率计算方式从总和改为平均数，方法参见例 8-4。最终效果如图 8-38 所示。气泡颜色越深，代表利润率越高；气泡面积越大，代表销售额越高。

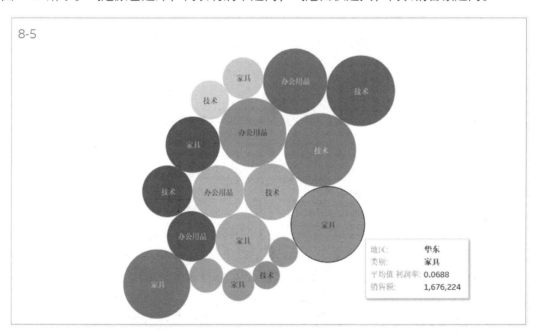

图 8-38　区域销售额及利润率填充气泡图

8.3.6　案例实战——直方图

1. 直方图的作用

直方图用于呈现数据的分布情况，通常所熟知的是正态分布，也有概率分布。直方图看起来像条形图，但将字段的值分组为范围（或数据桶）。直方图与条形图的区别如下：直方图只能是竖直的，不能横过来；直方图看的是分布，条形图看的是大小的比较；直方图大都呈现规律性，条形图如果不排序的话，无规律性；绘制直方图前需要先进行数据分桶。

2. 例题

例 8-6 使用"示例-超市"中的数据创建显示销售数量分布情况的直方图。

操作步骤如下：

（1）创建基础直方图。将数据源中的【数量（数据桶）】字段拖动到【列】区域，然后在工具栏右侧的【智能推荐】中选择直方图，直方图要求视图中的字段是数值型并且是连续的，如图 8-39 所示。

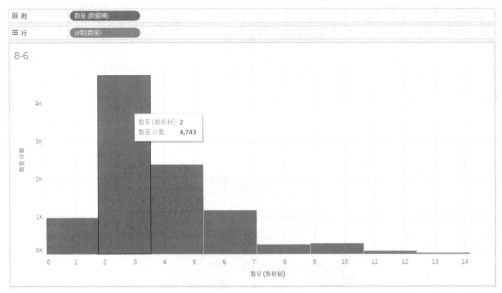

图 8-39 基础直方图

在【智能显示】中单击直方图图标后，将发生以下 3 件事。

① 视图将更改为使用连续的 x 轴（1～14）和连续的 y 轴（0～5000）显示垂直条形。

② 放在【列】区域上的【数量】字段已转换成【数量（数据桶）】字段，若要编辑此数据桶，在【数据】窗格中右键单击数据桶，在弹出的快捷菜单中执行【编辑】命令。

③【行】区域自动添加了【计数（数量）】计算字段，计算方式为【计数】。

【数量】字段捕获特定订单中的项目数。此直方图表明大约 4800 个订单包含两件商品（第二个条形），大约 2400 个订单包含 4 件商品（第三个条形），以此类推。

（2）添加【细分】字段到视图。在此基础上，看是否可以到客户细分市场（消费者、公司或小型企业）与每个订单的产品数量之间的关系。将【细分】字段拖到【标记】标签中的【颜色】上，如图 8-40 所示。

（3）显示细分占比。按住【Ctrl】键，将【行】区域的【计数（数量）】复制到【标记】标签中的【标签】上，注意：一定要复制，否则会将该字段从行区域移除，而直方图要求至少要有 1 个数值型字段。单击【标记】中的【计数（数量）】字段，在菜单中执行如下命令：①【快速表计算】→【总和百分比】；②【计算依据】→【单元格】，最终效果如图 8-41 所示。

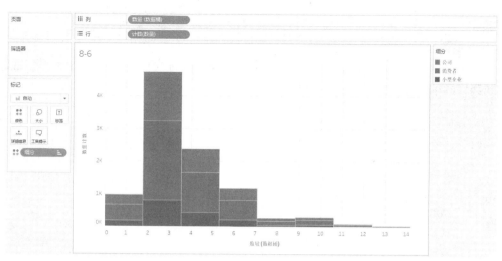

图 8-40　加入【细分】字段分类

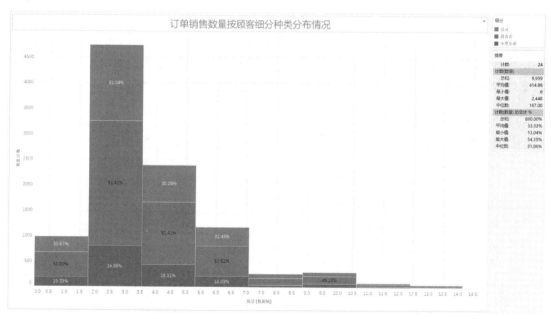

图 8-41　订单销售数量分布直方图

8.3.7　案例实战——标靶图

1. 标靶图

标靶图实际上是条形图的一种变形，是在条形图的基础上添加参考线和参考区间，帮助用户直观了解两个度量之间的关系，常用来比较目标值和实际值。

2. 例题

例 8-7　使用"示例-超市"中的数据，对比分析 2020 年的销售额是否打破了 2019 年的完成情况。

操作步骤如下：

（1）创建计算字段。执行【分析】→【创建计算字段】命令，制作【2019 销售额】和【2020 销售额】计算字段，如图 8-42 所示。

图 8-42　创建计算字段

（2）制作标靶图基础-条形图。Tableau 的智慧推荐中有标靶图类型，它是一种复合类型，实际是以条形图为基础添加参考线完成的，因此，这里先制作条形图。将新创建的【总和（2020 销售额）】字段拖入【列】区域，将【总和（2019 销售额）】字段拖到【标记】标签卡的【详细信息】上，将【子类别】字段拖到【行】区域，如图 8-43 所示。

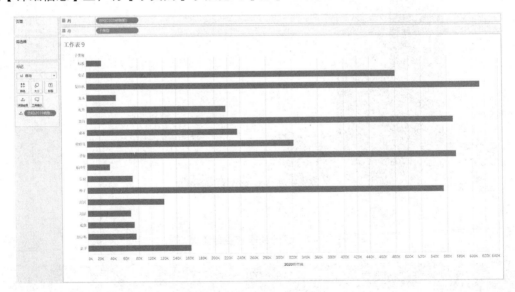

图 8-43　制作标靶图基础

（3）添加参考线和参考分布。在条形图的横坐标轴上单击鼠标右键，在弹出的快捷菜单中执行【添加参考线】命令，弹出【编辑参考线、参考区间或框】对话框，设置参考线相关内容，如图 8-44 所示。

（4）图表分析。制作完成的标靶图如图 8-45 所示。图中的红色参考线表示 2019 年同类产品销售额，可以看到，绝大多数品类在 2020 年度的销售额都超越了 2019 年。图中青色的范围意义如下：深色部分表示 2019 年销售额的 0～50%，浅色表示 50%～80%。

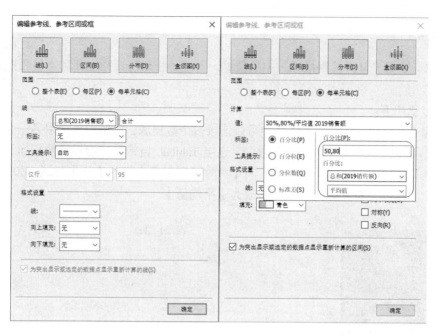

图 8-44　设置参考线

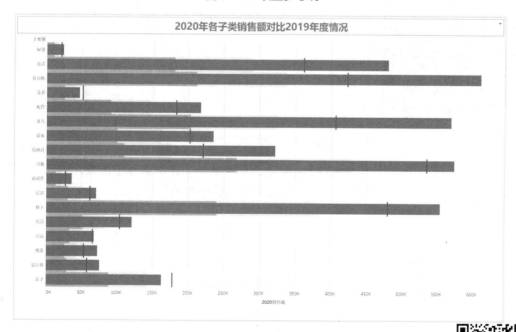

图 8-45　销售额对比标靶图

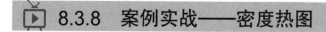

8.3.8　案例实战——密度热图

1. 密度图

密度图可用于标识包含更多或更少数量数据点的位置，它通常和地图或散点图配合使用。

2. 例题

例 8-8 使用"世界发展指标"中的数据,对比分析新生儿死亡率和女性预期寿命之间的相关性。

操作步骤如下:

(1)建立数据源。在一个工作簿中可以连接多个数据源,本例中将使用另一个新的数据源。执行【数据】→【新建数据源】命令,连接 Tableau 自带的"世界发展指标"数据源。将【新生儿死亡率】拖入【列】区域,将【女性预期寿命】拖入【行】区域,如图 8-46 所示。将两个字段的计算类型由【总和】改为【平均值】。

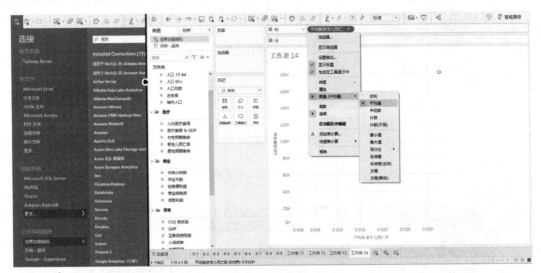

图 8-46 建立新的数据源

(2)将【国家/地区】字段拖到【标记】选项卡上的【详细信息】区域,生成散点图,效果如图 8-47 所示,光标指向其中一个数据点即可显示相关信息。

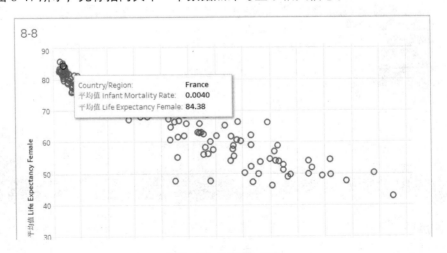

图 8-47 基础散点图

（3）转换散点图为密度图。单击【标记】选项卡图表类型中的【密度图】，将图 8-47 中的散点图转换为密度图。在【标记】选项卡的【颜色】和【大小】区域分别进行数据点颜色和大小的设置，完成图像制作，最终效果如图 8-48 所示。

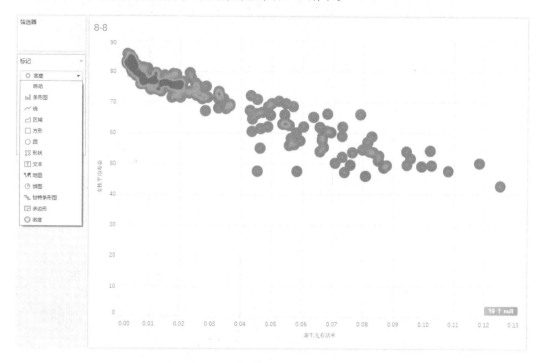

图 8-48　散点图转换后的密度图

8.3.9　案例实战——树状图

1. 树状图

树状图是一种相对简单的数据可视化形式，可在嵌套的矩形中显示数据。可使用行定义树状图的结构，使用列定义各矩形的大小或颜色。

2. 例题

例 8-9　使用"示例-超市"中的数据创建显示各产品类别的总销售额的树状图。

操作步骤如下：

（1）创建基础树状图。将【子类别】字段拖到【列】区域，将【销售额】字段拖到【行】区域。在工具栏的【智能推荐】中选择树状图，如图 8-49 所示，可以看到，这个树状图的大小和颜色都由销售额来决定，并没有充分利用好树状图的多维度。

（2）添加分析字段。拖动【利润】字段到【标记】选项卡的【颜色】区域，用颜色的深浅表示利润，矩形的大小表示销售额，如图 8-50 所示。

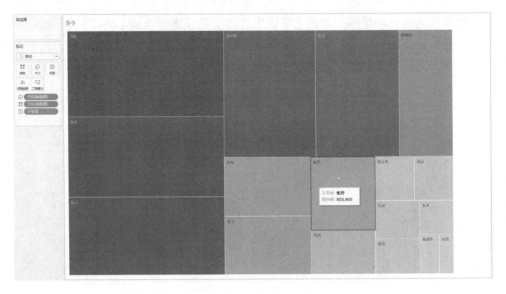

图 8-49　基础树状图

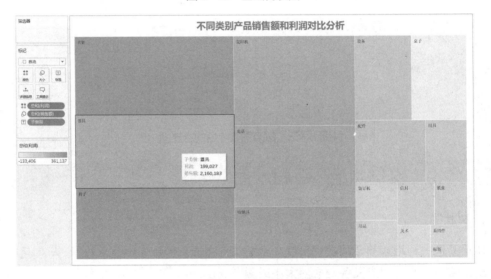

图 8-50　对比分析树状图

8.4　综合实验

实验 1

1. 实验目的

掌握在 Tableau 中组合图表的制作方法，重点了解坐标轴中双轴的概念。组合图表常用来展示两组单位不一致或数值相差较大的数据进行对比分析的场景，此时在 Excel 中提出了"次坐标轴"的概念，在 Tableau 中可以通过设置"双轴"来实现同样的效果。

2. 实验内容

例 8-10 使用"示例-超市"中的数据，制作按月显示的销售额和利润率对比分析图。

3. 实验步骤

（1）连接数据源，操作略。

（2）创建基础图表。拖动【订单日期】字段到【列】区域，【销售额】和【利润率】到【行】区域，创建图 8-51 所示的两张基础折线图。

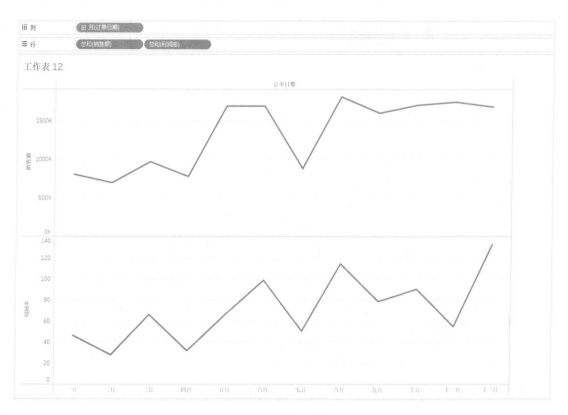

图 8-51　基础折线图

（3）转换为组合图表。如图 8-52 所示，在【行】区域的【利润率】字段上单击鼠标右键，在弹出的快捷菜单中执行【双轴】命令，将坐标轴合并到一张图上，然后给两个图表分别设置图表类型为【条形图】和【线】。

（4）美化图表。为图表添加标签，设置颜色、坐标轴起点等，最终完成效果如图 8-53所示。

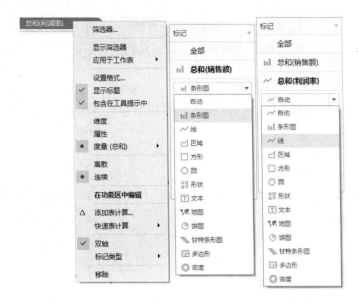

图 8-52　转换图表类型

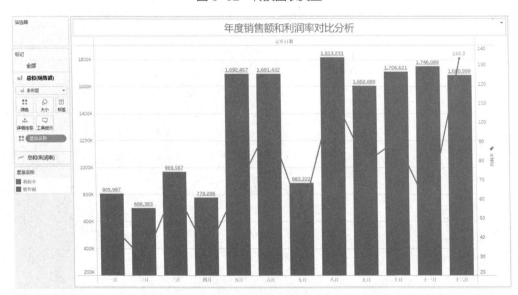

图 8-53　年销售额和利润率对比分析组合

📺 实验 2

1. 实验目的

了解散点图的用途并掌握在 Tableau 中创建和设置饼图的方法。

2. 实验内容

使用饼图可显示部分与整体的比例。

3. 例题

例 8-11　使用"示例-超市"中的数据，创建一个显示不同产品类别对总销售额贡献百分比的饼图视图。

4. 实验步骤

请读者自主完成。

8.5　思考与练习

一、填空题

1. Tableau 可供用户下载的版本是（　　　）。

2. Tableau 的工作簿保存格式是（　　　）。

3. Tableau 将数据分为维度和（　　　）。

4. 一般来说，维度是离散的，（　　　）是连续的。

5. 在工作表中，（　　　）字段是用蓝色标识的，（　　　）字段是用绿色标识的。

6. Tableau 支持的数据类型包括（　　　）（　　　）（　　　）（　　　）（　　　）。

二、选择题

1. 下列选项不属于 Tableau 的数据类型的有（　　　）。

A. 文本　　　　　　　B. 数字　　　　　　　C. 图形　　　　　　　D. 日期

2. 适合分析贡献率的图形有（　　　）。

A. 折线　　　　　　　B. 甘特　　　　　　　C. 气泡　　　　　　　D. 饼图

3. 标靶图是基于（　　　）来创建的组合图。

A. 条形图　　　　　　B. 圆环图　　　　　　C. 树状图　　　　　　D. 折线图

4. Tableau 支持导入的文件格式不包括（　　　）。

A. Word　　　　　　　B. Excel　　　　　　　C. Access　　　　　　D. SQL

5. Tableau 的工作簿中可以包括（　　　）。

A. 工作表　　　　　　B. 仪表板　　　　　　C. 故事　　　　　　　D. PPT

三、简答题

1. 直方图和条形图有什么区别？

2. 散点图的使用场景是什么？

3. Tableau 的打包工作簿文件都保存了哪些内容？

第 9 章

Python 数据可视化实践

> **本章导读**

通过前面章节的学习，读者已经熟悉了 Excel 的可视化图表制作，并对使用 Power BI 和 Tableau 这两个商业数据可视化软件制作图表流程有了相当程度的了解。虽然这些软件支持各种个性化设置，但总体来说，图形是模板化的，如果想绘制个性化的动态图表，特别是展示一些实时数据的时候，可以实现高度个性化定制的编程语言 Python 就要上场了。

本章将通过对 Python 语言的基本介绍，在此基础上引入一个数据处理库和一个图表制作库，让读者初步掌握使用编程语言分析数据并绘制图形的操作。在理论知识后，分别以销售、财务、人力资源 3 个常用场景为案例，讲解 Python 语言进行数据分析与可视化应用的具体方法。

本章学习导图

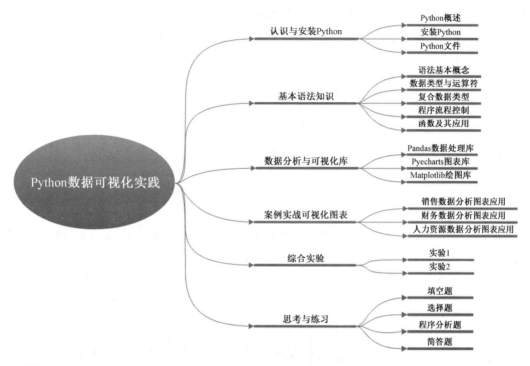

职业素养目标

通过比对 Excel、Power BI、Tableau 和 Python 的功能和方法，可以让学生认识到问题求解的目标是找出解决问题的方法，并使用一定的工具得到问题的答案或达到最终目标。在计算机出现前，许多问题因为计算的复杂性和海量数据等原因而成为难解问题，如智力游戏、定理证明、优化问题等。由于计算机的高速度、高精度、高可靠性和程序自动执行等特点，为问题求解提供了新的方法，使许多难题迎刃而解。从计算机的角度来看，可以将问题归为三大类：一是像前几章讲的使用成熟的 Excel、Power BI 和 Tableau 工具直接解决公式化的问题；二是本章讲解 Python 语言需要编写程序求解问题；三是需要进行系统设计和多种环境知识才能求解的问题。人们面对的问题很多，不同的问题需要不同的求解方法。知识无止境，培养学生正确的课程学习态度，具有"科学精神"的品质。

9.1　认识与安装 Python

9.1.1　Python 概述

Python 诞生于 20 世纪 90 年代初，由荷兰数学和计算机科学研究学会的吉多·范罗

苏姆设计并发布。虽然没有最好的程序语言，但 Python 确实是适合初学者的不二之选。它具有语法清晰、代码友好、易读性高的特点，同时拥有强大的第三方库函数，包括网络爬取、数据分析、可视化、人工智能等。另外，Python 既是一门解释性编程语言，又是面向对象语言，其操作性和可移植性高，被广泛应用于数据挖掘、信息采集、人工智能、网络安全、自动化测试等领域。

Python 在许多领域扎根，并且支持跨平台操作和开源，拥有强大的第三方库。特别是在人工智能领域，Python 在 IEEE 近几年发布的最热门语言中多次排名第一。越来越多的程序爱好者、科技关注者也开始学习 Python。

9.1.2 安装 Python

1. 下载软件

Python 是一款开源软件，完全免费，目前最新发布的稳定版本是 3.11.2（2023 年 2 月 8 日发布）。Python 支持多个平台，程序可以跨平台运行，用户可以在 www.python.org 下载适合自己操作系统的版本。对于常用的 Windows 操作系统，Python 只支持 Windows 7 以后的操作系统，如图 9-1 所示。

Downloads	Documentation	Community	Success Stories	News
All releases				
Source code		**Download for Windows**		
Windows		Python 3.11.2		
macOS		**Note that Python 3.9+ *cannot* be used on Windows 7 or earlier.**		
Other Platforms		Not the OS you are looking for? Python can be used on many operating systems and environments.		
License		View the full list of downloads.		
Alternative Implementations				

图 9-1　Python 下载页面

2. 安装软件

Windows 版本的 Python 下载得到的是 EXE 可执行文件。运行 EXE 文件后即可进入安装向导，安装过程中建议选择自定义安装并进行一些设置，如图 9-2 所示。

安装结束后，按【Win+R】组合键，打开运行命令窗口，输入"cmd"并按【Enter】键，在打开的命令行窗口中输入"py"并按【Enter】键，如果出现与图 9-3 所示的窗口一样的内容，那么说明 Python 安装成功。

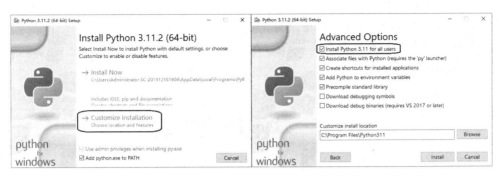

图 9-2　Python 安装界面

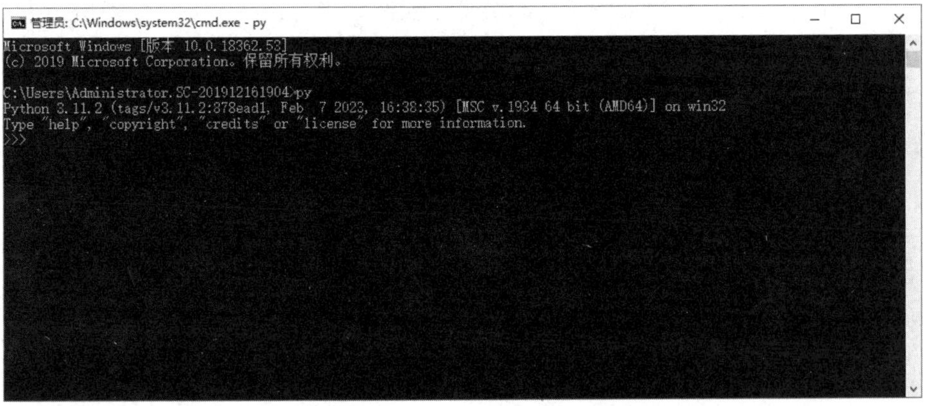

图 9-3　验证 Python 安装

3. 第一个程序

下面编写第一个 Python 程序。在【开始】菜单中找到 IDLE 程序，这是 Python 官方自带的集成编辑环境，在编辑器里的>>>后输入 print('Hello World')，然后按【Enter】键，如图 9-4 所示。

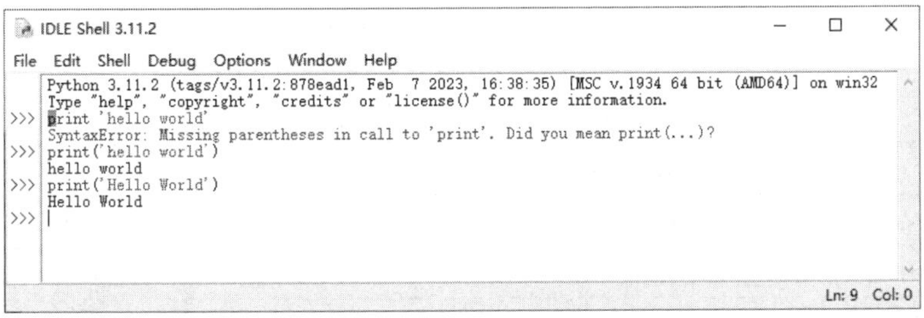

图 9-4　第一个 Python 程序

9.1.3　Python 文件

Python.exe 既是系统程序开发环境，也是程序运行环境。

Python 有以下几种类型的文件：

（1）*.py：源代码文件。

（2）*.pyc：字节码文件（经过编译解释后的源程序文件）。

（3）*.pyw：带用户界面的源代码文件。

（4）*.pyd：Python 的库文件。

9.2 基本语法知识

从整体上看，Python 语言最大的特点就是简单，该特点主要体现在以下两个方面：

（1）Python 的语法非常简洁明了，即使是非软件专业的初学者，也很容易上手。

（2）与其他编程语言相比，实现同一个功能时，Python 语言的实现代码往往是最短的。

▶ 9.2.1 语法基本概念

1. 注释

注释是添加在程序中的说明和解释性文字，程序运行时，注释中的文字不会被运行。为了方便读者看懂程序，本章的案例程序中将有大量的注释，请读者注意和程序代码进行区分。在 Python 中有两种注释符号：#是单行注释符，'''或"""是多行注释符。

2. 标识符

标识符是 Python 中用于定义变量、函数、类、模块的字符组合。标识符在使用时有如下规则：

（1）标识符不能与表 9-1 中的关键字冲突。

（2）标识符中的第一个字符必须是字母或下画线，长度没有限制，不区分大小写。

（3）可以使用中文或其他语言字符作为标识符。

（4）不要与内置函数名冲突，否则，会导致内置函数失效。

表 9-1　Python 关键字列表

关键字列表（共 30 个，不能用来作为标识符）									
False	None	True	and	as	For	from	global	if	import
assert	break	class	continue	def	In	is	lambda	nonlocal	not
del	elif	else	except	finally	Or	pass	raise	return	try

3. 变量与常量

变量来源于数学方程式，在编程中用于存放计算结果或值。与变量对应的是常量，它们都是用来"装"数据的小箱子，不同的是：变量保存的数据可以被多次修改，而常量一旦保存某个数据后，就不能修改了。

在 Python 中不需要预先定义变量名和类型，直接赋值就创建了变量。在编程语言中，将数据放入变量的过程称为赋值。Python 使用等号（＝）作为赋值运算符，具体格式如下：

```
name=value
```

其中，name 表示变量名；value 表示值，即要存储的数据。

例如：x=2.5，其中，2.5 就是变量 x 的值。

注意，变量是标识符的一种，不能随便命名，要遵守 Python 标识符命名规范，还要避免和 Python 内置函数及 Python 保留字重名。

9.2.2　数据类型与运算符

Python 属于弱类型语言，有如下两个特点：

（1）变量无须声明就可以直接为其赋值，对一个不存在的变量赋值，就相当于定义了一个新的变量。

（2）变量的数据类型可以随时改变，例如，同一个变量可以先被赋值为整数类型，再被重新赋值为字符串类型。

1. 基本数据类型

（1）数字类型。整数和小数（浮点数）都属于数字类型。

（2）字符串类型。单引号、双引号和三引号包括的文本序列称为字符串。单引号括起来的字符串中可以包括双引号，双引号括起来的字符串中可以包括单引号，三引号用于包含多行字符的字符串。

（3）布尔类型。布尔类型用于表示真值和假值，有两个常量——True 和 False。

2. 运算符与优先级

（1）算术运算符。算术运算符用于对数字进行数学运算，如加、减、乘、除等。Python 常用算术运算符如表 9-2 所示。

表 9-2　Python 常用算术运算符

运算符	说明	实例	结果
+	加	13.45 + 15	28.45
−	减	4.56 − 0.66	3.9
*	乘	5 * 6.6	33.0
/	除法（和数学中的规则一样）	9 / 2	4.5
//	整除（只保留商的整数部分）	11 // 2	5
%	取余，即返回除法的余数	11 % 3	2
**	幂运算/次方运算，即返回 x 的 y 次方	3 ** 4	81，即 3^4

（2）比较运算符。比较运算符也称关系运算符，用于对常量、变量或表达式的结果进行大小比较。比较运算符的返回值为布尔类型，如果比较结果成立，则返回 True；否则返回 False。Python 比较运算符如表 9-3 所示。

表 9-3　Python 比较运算符

比较运算符	说明
>	大于，如果>前面的值大于后面的值，则返回 True，否则返回 False
<	小于，如果<前面的值小于后面的值，则返回 True，否则返回 False
==	等于，如果==两边的值相等，则返回 True，否则返回 False
>=	大于或等于，如果>=前面的值大于或等于后面的值，则返回 True，否则返回 False
<=	小于或等于，如果<=前面的值小于或等于后面的值，则返回 True，否则返回 False
!=	不等于，如果!=两边的值不相等，则返回 True，否则返回 False
is	判断两个变量所引用的对象是否相同，如果相同则返回 True，否则返回 False
is not	判断两个变量所引用的对象是否不相同，如果不相同则返回 True，否则返回 False

（3）逻辑运算符。逻辑运算符对布尔类型的数据进行运算，运算结果仍为布尔类型。Python 逻辑运算符如表 9-4 所示。

表 9-4　Python 逻辑运算符

逻辑运算符	含义	基本格式	说明
and	与运算，等价于"且"	a and b	当 a 和 b 两个表达式都为真时，a and b 的结果为真，否则为假
or	或运算，等价于"或"	a or b	当 a 和 b 两个表达式都为假时，a or b 的结果为假，否则为真
not	非运算，等价于"非"	not a	对真做非运算等于假，对假做非运算等于真，相当于对 a 取反

（4）赋值运算符。赋值运算符用于将赋值运算符"="右侧的值传递给左侧的变量（或常量），可以直接将右侧的值交给左侧的变量，也可以进行某些运算后再交给左侧的变量，例如，加减乘除、函数调用、逻辑运算等，如 x/=y 相当于 x=x/y。

（5）运算符优先级和结合性。所谓优先级，就是当多个运算符同时出现在一个表达式中时，先执行哪个运算符。上面讲到的 4 种运算符中，运算优先级由高到低依次为算术运算符>比较运算符>赋值运算符>逻辑运算符。

所谓结合性，就是当一个表达式中出现多个优先级相同的运算符时，先执行哪个运算符。先执行左边的称为左结合性，先执行右边的称为右结合性。Python 中大部分运算符都具有左结合性，也就是从左到右执行。只有乘方运算符、单目运算符（如 not 逻辑非运算符）、赋值运算符和三目运算符例外，它们具有右结合性，也就是从右向左执行。

 9.2.3　复合数据类型

1. 列表

列表是一个基于位置的有序对象集合，它是可变序列，也是 Python 中最常用的数据结构之一。列表是在方括号[]之间、用逗号分隔开的元素对象序列。例如，['abc'，12，True,[1,3],False]。列表数据类型的特点如下。

① 有序：列表中的元素是有序的，其顺序按照数据插入顺序。② 可变：列表中的元素可变，列表支持元素的动态增加、删除、修改。③ 异构：列表中的元素是对象，元素的数

据类型可以不同。④ 可重复：列表中可以有重复的对象元素。⑤ 可嵌套：列表支持嵌套（可包含子列表或其他对象）。

列表类自带的函数已经实现了许多算法，如表 9-5 所示。

表 9-5　序列通用函数与方法

功能	示例	说明	备注
增加元素	s.insert(i,x)	在序列的第 i 个位置插入元素 x	可变序列
	s.append(x)	在序列的尾部插入元素 x	可变序列
	s.extend(t)	合并序列 s 和 t	可变序列
删除元素	del s[i]	删除序列第 i 个索引位置的元素	可变序列
	s.clear()	清空序列	可变序列
	s.remove[x]	删除序列中第一个值为 x 的元素	可变序列
修改元素	s[i]=x	将序列中第 i 个索引运算赋值为 x	可变序列
统计	len(s)	统计序列长度，即元素个数	可变序列、不可变序列通用
	s.count(x)	统计序列中 x 出现的次数	可变序列、不可变序列通用
	s.index(x)	返回 x 第一次出现在序列中的位置	可变序列、不可变序列通用

2. 元组

元组是 Python 中另一个重要的序列结构，它与列表相似，也由一系列元素组成，但它是不可变序列。因此，元组元素不能修改（也称为不可变的列表)。元组的所有元素都放在一对小括号 "()" 中，两个元素间使用逗号（，）分隔。通常情况下，元组用于保存程序中不可修改的内容。对列表的遍历和切片操作同样适用于元组，这里不再赘述，适用函数如表 9-5 中不可变序列部分。

3. 集合

集合（set 和 frozenset）是一组无序、无重复元素数据的组合。

（1）集合是在大括号{}之间、用逗号分隔的元素集，集合中的元素数据类型可以不同，但不能重复。

（2）frozenset 内部元素不可改变。

（3）创建空集合使用 set() 而不用{}，因为{}用于创建空字典。集合不同于列表和元组，有其自有的函数，如表 9-6 所示。

表 9-6　集合常用函数

函数名	语法格式	功能
add()	set1.add()	向 set1 集合中添加数字、字符串、元组或布尔类型
clear()	set1.clear()	清空 set1 集合中的所有元素
copy()	set2 = set1.copy()	复制 set1 集合到 set2
discard()	set1.discard(elem)	删除 set1 中的 elem 元素

函数名	语法格式	功能
remove()	set1.remove(elem)	移除 set1 中的 elem 元素
issubset()	set1.issubset(set2)	判断 set1 是否为 set2 的子集
union()	set3 = set1.union(set2)	取 set1 和 set2 的并集，赋给 set3
update()	set1.update(elem)	添加列表或集合中的元素到 set1

4. 字典

字典类型（dic）是在大括号之间、用逗号分隔开的键与值对（key-value）的元素集。字典强调的是"键值对"，即 key 与 value 一一对应，字典中存放数据的顺序并不重要，重要的是"键"和"值"的对应关系。

（1）每个键都与一个值关联，可以使用键来访问与之关联的值。

（2）与键关联的值可以是任何数据类型对象。

（3）键必须使用不可变类型，同一个字典中的键必须是唯一的。

字典属于映射类型数据，它的操作函数也与列表、元组不同，如表 9-7 所示。

表 9-7　字典常用函数

函数名	用法	说明
keys()	dict1.keys()	keys()方法用于返回字典中的所有键（key）
values()	dict1.values()	values()方法用于返回字典中所有键对应的值（value）
items()	dict1.items()	items()用于返回字典中所有的键值对（key-value）
pop()	dict1.pop(key)	用于删除指定的键值对
popitem()	dict1.popitem()	用于随机删除一个键值对
copy()	b = a.copy()	将字典 a 的数据全部复制给字典 b

请看下面的例子理解键和值之间的关系。

```
scores = {'数学': 95, '语文': 89, '英语': 90}
print(scores.keys())
print(scores.values())
print(scores.items())
```

运行结果如下：

```
dict_keys(['数学', '语文', '英语'])
dict_values([95, 89, 90])
dict_items([('数学', 95), ('语文', 89), ('英语', 90)])
```

9.2.4　程序流程控制

与其他编程语言一样，按照执行流程划分，Python 程序也可分为三大结构，即顺序结构、条件（分支）结构和循环结构。

1. 顺序结构

顺序结构是最常见、最基本的程序结构。按照源程序代码的编制顺序，从上到下依次运行每一条语句。其执行流程如图 9-5 所示。

图 9-5　顺序结构执行流程

2. 条件（分支）语句

Python 通过 if 语句来实现条件分支的效果，其格式如下：

```
if C1:
    条件分支 1
elif C2:
    条件分支 2
else:
    条件分支 3
```

执行流程如图 9-6 所示。

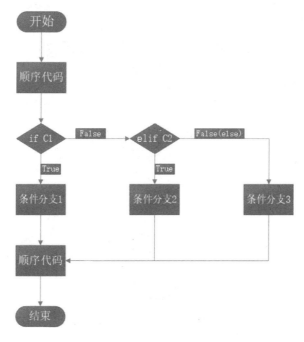

图 9-6　条件结构执行流程

3. 循环结构

1）while 循环语句

运行 while 语句，程序先判断循环条件，只要条件为真，while 就会一直重复执行那段代码块。反之，如果条件为假，则跳出循环，如果第一次就为假，则一次也不执行循环体。

while 语句的语法格式如下：

```
while 条件表达式：
    代码块
```

通过下面的例子理解 while 循环的用法。

```
str1="http://www.xaufe.edu.cn/"
i = 0;
while i<len(str1):
    print(str[i],end="")
    i = i + 1
```

程序执行结果如下：

```
http://www.xaufe.edu.cn/
```

2）for...in 循环语句

Python 的 for 语句用于遍历任何可迭代对象，如列表、集合等。要特别注意与其他语言中的 for 语句的区别。其执行流程如图 9-7 所示。for 循环的语法格式如下：

```
for 迭代变量 in 字符串|列表|元组|字典|集合：
    代码块
```

其中，迭代变量用于存放从序列类型变量中读取出来的元素，一般不用手动赋值。

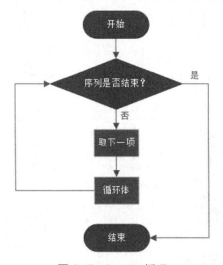

图 9-7　for...in 循环

通过下面的例子理解 for 循环遍历字符串。

```
str1 = "http://www.xaufe.edu.cn/"
#for 循环，遍历 add 字符串
for ch in add:
    print(ch,end="")
```

运行结果如下：

http://www.xaufe.edu.cn/

3）break 和 continue 的用法

（1）break 用来结束语句所在的 for 循环或 while 循环，跳出整个循环体，执行循环体后面的语句。

（2）continue 用于结束本次循环，回到 while 或 for 的条件判断处，准备开始下一次循环。

例如，甲、乙两人进行 5 局 3 胜的围棋比赛，如果在某一局比赛过程中，甲中途认输，但其他的比赛还要继续，这时应该使用 continue；如果在比赛过程中，发现甲作弊了，那么比赛结束，乙直接获胜，这时就应该使用 break。

9.2.5 函数及其应用

函数的本质就是一段有特定功能、可以重复使用的代码。这段代码已经被提前编写好了，并且为其起了一个"好听"的名字。在后续编写程序的过程中，如果需要同样的功能，那么直接通过起好的名字就可以调用这段代码。

1. 定义和调用函数

1）定义函数

定义函数即创建一个函数，可以理解为创建一个具有某些用途的工具。定义函数需要使用 def 关键字实现，语法如下：

```
def 函数名(参数列表):
    //实现特定功能的多行代码
    [return [返回值]]
```

其中，用[]括起来的为可选择部分，既可以使用，也可以省略。

此格式中，各部分参数的含义如下。

函数名：一个符合 Python 语法的标识符，但不建议读者使用 a、b、c 这类简单的标识符作为函数名，函数名最好能够体现该函数的功能。

参数列表：设置该函数可以接收多少个参数，多个参数之间用逗号分隔。

[return [返回值]]：整体作为函数的可选参数，用于设置该函数的返回值。也就是说，一个函数可以有返回值，也可以没有返回值，是否需要返回值根据实际情况而定。

通过以下例子来看函数的定义。

```
def mytest（）:
    print('this is my test function')
```

这个例子定义了一个名为 mytest 的函数，没有定义返回值，函数的功能是输出字符串。

2）调用函数

调用函数即执行函数。如果把创建的函数理解为一个具有某种用途的工具，那么调用函

数相当于使用该工具。

函数调用的语法如下：

[返回值] = 函数名([形参值])

其中，函数名指的是要调用的函数的名称；形参值指的是当初创建函数时要求传入的各形参的值。如果该函数有返回值，那么可以通过一个变量来接收该值，当然也可以不接收。

需要注意的是，创建函数有多少个形参，调用时就需要传入多少个值，且顺序必须和创建函数时一致。即使该函数没有参数，函数名后的小括号也不能省略。

mytest() #调用函数

运行结果如下：

this is my test function

在上面的例子中调用了在前面定义的 mytest 函数，直接使用函数名()就可以调用，实现了代码的复用。

2. Python 内置函数

如图 9-8 所示，Python 内置了大量函数来实现常用功能，如 print()、input()等。

内置函数			
A abs() aiter() all() any() anext() ascii()	**E** enumerate() eval() exec() **F** filter() float() format() frozenset()	**L** len() list() locals() **M** map() max() memoryview() min()	**R** range() repr() reversed() round() **S** set() setattr() slice() sorted()
B bin() bool() breakpoint() bytearray() bytes()	**G** getattr() globals() **H** hasattr() hash()	**N** next() **O** object() oct()	staticmethod() str() sum() super() **T** tuple()
C callable() chr() classmethod() compile() complex()	help() hex() **I** id() input()	open() ord() **P** pow() print()	type() **V** vars() **Z** zip()
D delattr() dict() dir() divmod()	int() isinstance() issubclass() iter()	property()	**_** __import__()

图 9-8　内置函数列表

3. 实参和形参

在使用函数时，经常会用到形式参数（简称形参）和实际参数（简称实参）。

在定义函数时，函数名后面括号中的参数就是形式参数，例如：

```
#定义函数时，这里的函数参数 obj 就是形式参数
def demo(obj):
    print(obj)
```

在调用函数时，函数名后面括号中的参数称为实际参数，也就是函数的调用者给函数的参数，例如：

```
a = "学习 Python 可视化"
#调用已经定义好的 demo 函数，此时传入的函数参数 a 就是实际参数
demo(a) #执行时将 a 中存储的字符串地址交给形式参数 obj
```

运行结果如下：

```
学习 Python 可视化
```

4. 函数返回值

在 Python 中使用 def 语句创建函数时，可以用 return 语句指定应该返回的值，该返回值可以是任意类型。需要注意的是，return 语句在同一函数中可以出现多次，但只要有一个得到执行，就会直接结束函数的执行。

在函数中，使用 return 语句的语法格式如下：

```
return [返回值]
```

其中，返回值参数可以指定，也可以省略不写（将返回空值 None），例如：

```
def add(a,b):
    c = a + b
    return c
#函数赋值给变量
c = add(3,4)
print(c)
#函数返回值作为其他函数的实际参数
print(add(3,4))
```

运行结果如下：

```
7
7
```

9.3　数据分析与可视化库

Python 的普及在很大程度上得益于丰富、庞大的第三方类库（模块）。Python 提供了强大的模块支持，主要体现在 Python 标准库中不仅包含大量的模块（称为标准模块），还有大量的第三方模块，开发者也可以开发自定义模块。通过这些强大的模块，可以极大地提高开发效率。

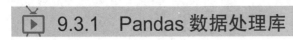

9.3.1 Pandas 数据处理库

1. 安装 Pandas 类库

Python 类库（模块）被打包成 Python 包的文件格式（通常是*.wbl 格式），可由 pip 来管理。pip 是 Python 官方下载的安装包中提供的安装、管理类库的软件，在命令行方式下运行。

（1）按【Win+R】组合键，弹出【运行】对话框，如图 9-9 所示，在【打开】文本框中输入"cmd"，单击【确定】按钮。

图 9-9　【运行】对话框

（2）在随后打开的命令行窗口中输入"pip install pandas"，安装会自动开始，如图 9-10 所示。

```
选择管理员: C:\Windows\system32\cmd.exe                                    —  □  ×
C:\Users\Administrator.SC-201912161904>pip install pandas
Collecting pandas
  Downloading pandas-1.5.3-cp311-cp311-win_amd64.whl (10.3 MB)
                                    ──────── 10.3/10.3 MB 16.4 MB/s eta 0:00:00
Requirement already satisfied: python-dateutil>=2.8.1 in d:\python311\lib\site-packages (from pandas) (2.8.2)
Collecting pytz>=2020.1
  Downloading pytz-2022.7.1-py2.py3-none-any.whl (499 kB)
                                    ──────── 499.4/499.4 kB 32.6 MB/s eta 0:00:00
Collecting numpy>=1.21.0
  Downloading numpy-1.24.2-cp311-cp311-win_amd64.whl (14.8 MB)
                                    ──────── 14.8/14.8 MB 17.7 MB/s eta 0:00:00
Requirement already satisfied: six>=1.5 in d:\python311\lib\site-packages (from python-dateutil>=2.8.1->pandas) (1.16.0)
Installing collected packages: pytz, numpy, pandas
Successfully installed numpy-1.24.2 pandas-1.5.3 pytz-2022.7.1
```

图 9-10　成功安装 Pandas 类库

2. Pandas 介绍

Pandas 是 Python 的一个开源数据分析模块，可用于数据挖掘和数据分析，同时也提供数据清洗功能，是目前 Python 数据分析的必备工具之一。Pandas 中的数据结构是多维数据表，其主要有两种数据结构，分别是 Series 和 DataFrame。

在使用 Pandas 模块前，要在程序最前面写上如下代码，导入 Pandas 模块，并为模块起个别名 pd，否则无法使用模块中的函数。

```
import pandas as pd
```

3. Series 数据结构

Series 是一种类似一维数组的对象，由一组数据值（value）和一组标签组成，其中，标签与数据值之间是一一对应的关系。索引可以为数字或字符串。Series 的表现形式为索引在左边，值在右边。图 9-11 所示为一个简单的 Series。

index	value
0	0.8
1	5
2	TRUE
3	0.02
4	3.6
5	4.6

图 9-11　简单的 Series

（1）创建 Series。Pandas 使用 Series()函数来创建 Series 对象，通过这个对象可以调用相应的方法和属性，从而达到处理数据的目的。

```
import pandas as pd
s=pd.Series( data, index, dtype, copy)
```

Series()函数的参数说明如表 9-8 所示。

表 9-8　Series()函数的参数说明

参数名称	描　　述
data	输入的数据可以是列表、常量、ndarray 数组等
index	索引值必须是唯一的，如果没有传递索引，那么默认为 np.arrange(n)
dtype	dtype 表示数据类型，如果没有提供，那么会自动判断得出
copy	表示对 data 进行复制，默认为 False

（2）访问 Series 数据。Series 数据访问分为两种方式：一种是位置索引访问；另一种是索引标签访问。

① 位置索引访问。这种访问方式与列表相同，使用元素自身的下标进行访问。数组的索引计数从 0 开始，表示第一个元素存储在第 0 个索引位置上，以此类推，可以获得 Series 序列中的每个元素。下面看一组简单的示例。

```
import pandas as pd
s = pd.Series([1,2,3,4,5],index = ['a','b','c','d','e'])
print(s[0])   #位置下标
print(s['a']) #标签下标
```

输出结果如下：

```
1
1
```

② 索引标签访问。Series 类似于固定大小的字典，将 index 中的索引标签当作 key，将

Series 序列中的元素值当作 value，然后通过 index 索引标签来访问或修改元素值。

使用索标签访问单个元素值如下：

```
import pandas as pd
s = pd.Series([6,7,8,9,10],index = ['a','b','c','d','e'])
print(s['a'])
```

输出结果如下：

```
6
```

（3）Series 的常用方法。

① head()&tail()查看数据。如果想查看 Series 的某部分数据，可以使用 head()或 tail()方法。其中，head()返回前 n 行数据，默认显示前 5 行数据。

② isnull()&nonull()检测缺失值。

isnull()和 nonull()用于检测 Series 中的缺失值。所谓缺失值，顾名思义，是值不存在、丢失、缺少。

isnull()：如果值不存在或缺失，则返回 True。

notnull()：如果值不存在或缺失，则返回 False。

4. DataFrame 数据结构

DataFrame 是二维数据结构，数据以二维表格形式存储，有对应的行和列，既有行标签（index），又有列标签（columns），它也被称异构数据表。所谓异构，指的是表格中每列的数据类型可以不同，例如，可以是字符串、整型或浮点型等。DataFrame 结构示意图如图 9-12 所示。

图 9-12　DataFrame 结构示意图

（1）创建 DataFrame。创建 DataFrame 对象的 DataFrame()函数语法格式如下：

```
import pandas as pd
pd.DataFrame( data, index, columns, dtype, copy)
```

DataFrame()函数的参数说明如表 9-9 所示。

表 9-9　DataFrame()函数的参数说明

参数名称	说　　明
data	输入的数据可以是 ndarray、series、list、dict、标量及一个 DataFrame
index	行标签，如果没有传递 index 值，那么默认行标签是 np.arange(n)，n 代表 data 的元素个数

续表

参数名称	说　明
columns	列标签，如果没有传递 columns 值，那么默认列标签是 np.arange(n)
dtype	dtype 表示每列的数据类型
copy	默认为 False，表示复制数据 data

（2）列索引操作 DataFrame。DataFrame 可以使用列索引（columns index）来完成数据的选取、添加和删除操作。

示例 1：列索引选取数据列。

```
import pandas as pd
d = {'one':pd.Series([1, 2, 3], index=['a', 'b', 'c']),
    'two':pd.Series([1, 2, 3, 4], index=['a', 'b', 'c', 'd'])}
df = pd.DataFrame(d)
print(df ['one'])
```

输出结果如下：

```
a    1.0
b    2.0
c    3.0
d    NaN
Name: one, dtype: float64
```

示例 2：使用 insert() 函数插入新列。

```
import pandas as pd
info=[['Jack',18],['Helen',19],['John',17]]
df=pd.DataFrame(info,columns=['name','age'])
print(df)
#注意，是 column 参数
#数值 1 代表插入到 columns 列表的索引位置
df.insert(1,column='score',value=[91,90,75])
print(df)
```

输出结果如下：

```
添加前：
    name   age
0   Jack   18
1   Helen  19
2   John   17
添加后：
    name   score   age
0   Jack   91      18
1   Helen  90      19
2   John   75      17
```

（3）行索引操作 DataFrame。

在 Pandas 中，想要获取某行数据，需借助 loc 函数或 iloc 函数。

示例 1：将行标签传递给 loc 函数来选取数据。

```
import pandas as pd
d = {'one':pd.Series([1, 2, 3], index=['a', 'b', 'c']),
    'two':pd.Series([1, 2, 3, 4], index=['a', 'b', 'c', 'd'])}
df = pd.DataFrame(d)
print(df.loc['b'])
```

输出结果如下：

```
one 2.0
two 2.0
Name: b, dtype: float64
```

注意：loc 允许接两个参数分别是行和列，参数之间需要使用逗号隔开，但该函数只能接收标签索引。

示例 2：通过将数据行所在的索引位置传递给 iloc 函数，也可以实现数据行选取。

```
import pandas as pd
d = {'one' : pd.Series([1, 2, 3], index=['a', 'b', 'c']),
    'two' : pd.Series([1, 2, 3, 4], index=['a', 'b', 'c', 'd'])}
df = pd.DataFrame(d)
print (df)
print(df.iloc[3])
```

输出结果如下：

```
    one   two
a   1.0    1
b   2.0    2
c   3.0    3
d   NaN    4
one    NaN
two    4.0
Name: d, dtype: float64
```

示例 3：使用 append()函数，可以将新的数据行添加到 DataFrame 中，该函数会在行末追加数据行。

```
import pandas as pd
df = pd.DataFrame([[1, 2], [3, 4]], columns = ['a','b'])
df2 = pd.DataFrame([[5, 6], [7, 8]], columns = ['a','b'])
#在行末追加新数据行
df = df.append(df2)
print(df)
```

输出结果如下：

	a	b
0	1	2
1	3	4
0	5	6
1	7	8

5. Pandas 读取文件

当使用 Pandas 进行数据分析时，需要读取事先准备好的数据集，这是数据分析的第一步。日常使用较多的是 CSV 文件和 Excel 文件，下面分别讲述两种文件的读取操作。

（1）读写 CSV 文件。CSV 又称逗号分隔值文件，是一种简单的文件格式，以特定的结构来排列表格数据。CSV 文件能够以纯文本形式存储表格数据，例如，电子表格、数据库文件，并具有数据交换的通用格式。CSV 文件可以直接导入 Excel 工作表，其行和列都定义了标准的数据格式。

下面进行实例演示，首先需要创建一组数据，并将其保存为 CSV 格式，数据如下：

```
Name,Hire Date,Salary,Retires Remaining
John Biden,03/15/15,48000.00,10
Smith Trump,08/07/13,63000.00,6
Parker Lipman,02/22/13,39000.00,7
Jones Paul,09/16/13,69000.00,3
Terry Kidman,07/22/14,45600.00,9
Michael Bolton,06/28/13,65800.00,8
```

注意：将上述数据保存到 d:/python/9-1.txt 的文本文件中，然后将文件的扩展名修改为 csv，即可完成 CSV 文件的创建。

示例 1：读取指定位置的 CSV 文件，输出其中前 5 行数据。

```
import pandas as pd
#仅一行代码就完成了数据读取，但注意文件路径不要写错
df = pd.read_csv('d:/python/9-1.csv')
#使用 head()函数输出前 5 行数据
print(df.head())
```

输出结果如下：

	Name	Hire Date	Salary	Retires Remaining
0	John Biden	03/15/15	48000.0	10
1	Smith Trump	08/07/13	63000.0	6
2	Parker Lipman	02/22/13	39000.0	7
3	Jones Paul	09/16/13	69000.0	3
4	Terry Kidman	07/22/14	45600.0	9

示例 2：将 Pandas 的 DataFrame 数据写入 CSV 文件，指定 CSV 文件输出时的分隔符，并将其保存在 pandas.csv 文件中，代码如下：

```
import pandas as pd
#注意：pd.NaT 表示 null 缺失数据
data={'Name':['Smith','Parker'],[101, pd.NaT], 'Language': ['Python', 'JavaScript']}
info = pd.DataFrame(data)
csv_data = info.to_csv("d:/python/pandas.csv",sep='|')
```

（2）读写 Excel 文件。读取 Excel 表格中的数据，可以使用 read_excel()方法，其语法如下：

```
pd.read_excel(io,sheet_name=0,index_col=None,nrows=None)#参数众多，不再一一列举
```

表 9-10 对常用参数进行了说明。

表 9-10　read_excel()

参数名称	说　　明
io	表示 Excel 文件的存储路径
sheet_name	要读取的工作表名称
index_col	用作行索引的列，可以是工作表的列名称，例如，index_col='列名'，也可以是整数或列表
nrows	需要读取的行数

示例 1：将上一节中输出的 CSV 文件另存为 Excel 文件，然后读取。

```
import pandas as pd
#读取 Excel 数据
df = pd.read_excel('d:/python/pandas.xlsx',index_col=0)
#处理未命名列
df.columns = df.columns.str.replace('Unnamed.*', 'col_label')
print(df)
```

输出结果如下：

```
     Name   col_label     Language
0    Smith      101.0        Python
1    Parker      NaN     JavaScript
```

通过 to_excel()函数可以将 Dataframe 中的数据写入 Excel 文件。

```
import pandas as pd
#注意：pd.NaT 表示 null 缺失数据
data={'Name':['Smith','Parker'],'':[101, pd.NaT], 'Language': ['Python', 'JavaScript']}
info = pd.DataFrame(data)
info.to_excel("d:/python/pandase.xlsx")
```

9.3.2　Pyecharts 图表库

Pyecharts 是一个用于生成 Echarts 图表的 Python 模块。Echarts 是一个百度开源的数据

可视化 JS 库，可以生成一些非常酷炫的图表，是一个非常强大的数据可视化工具。Pyecharts 包括 30 多种常见图表，支持链式调用，拥有高度灵活的配置项。Pyecharts 不是基础库，需要安装才能使用，安装方法同 Pandas，请读者参照上一节进行安装。本书中的所有案例都基于 v2.0.1 版本讲解。

1. Pyecharts 图表类

Pyecharts 支持绘制 30 多种图表，针对每种图表均提供了相应的类，并将这些图表类封装到 pyecharts.charts 模块中。pyecharts.charts 模块的常用图表类如表 9-11 所示。

表 9-11　pyecharts.charts 模块的常用图表类

函数名称	功能描述	函数名称	功能描述
Bar	绘制条形图	Line	折线图
Bar3D	绘制 3D 柱形图	Line3D	3D 折线图
Boxplot	绘制箱形图	Scatter	绘制 X 与 Y 的散点图
Radar	雷达图	Scatter3D	3D 散点图
Map	统计地图	Gauge	仪表盘
Funnel	漏斗图	Sankey	桑基图
Pie	绘制饼状图	Tree	树状图

这些类在使用前必须使用 import 语句导入，例如，要绘制柱形图，必须先使用如下语句导入相关类：

```
from pyecharts.charts import Bar
```

2. 配置项

Pyecharts 遵循"先配置后使用"的基本原则。pyecharts.options 模块中包含众多关于定制图表组件及样式的配置项。按照配置内容的不同，配置项可以分为全局配置项和系列配置项。

这些配置项都包括在 pyecharts.options 模块中，可使用如下语句导入：

```
from pyecharts imports options as opt          #opt 为用户自定义的别名
```

（1）全局配置项。全局配置项是一些针对图表通用属性的配置项，包括初始化属性、标题组件、图例组件、工具箱组件、视觉映射组件、提示框组件、数据区域缩放组件，其中，每个配置项都对应一个类。

Pyecharts 的全局配置项如表 9-12 所示。

表 9-12　Pyecharts 的全局配置项

类	说明	类	说明
InitOpts	初始化配置项	VisualMapOpts	视觉映射配置项
AnimationOpts	ECharts 画图动画配置项	TooltipOpts	提示框配置项
ToolBoxFeatureOpts	工具箱工具配置项	AxisLineOpts	坐标轴轴脊配置项

续表

类	说明	类	说明
ToolboxOpts	工具箱配置项	AxisTickOpts	坐标轴刻度配置项
BrushOpts	区域选项组件配置项	AxisPointerOpts	坐标轴指示器配置项
TitleOpts	标题配置项	AxisOpts	坐标轴配置项
DataZoomOpts	数据区域缩放配置项	SingleAxisOpts	单轴配置项
LegendOpts	图例配置项	GraphicGroup	原生图形元素组件

（2）系列配置项。系列配置项是一些针对图表特定元素属性的配置项，包括图元样式、文本样式、标签、线条样式、杯记样式、填充样式等，其中，每个配置项都对应一个类。pyecharts 的系列配置项如表 9-13 所示。

表 9-13　Pyecharts 的系列配置项

类	说明	类	说明
ItemStyleOpts	图元样式配置项	MarkLineOpts	标记线配置项
TextStyleOpts	文本样式配置项	MarkAreaOpts	标记区域配置项
LabelOpts	标签配置项	EffectOpts	涟漪特效配置项
LineStyleOpts	线条样式配置项	AreaStyleUpts	区域填充样式配置项
SplitLineOpts	分割线配置项	SplitAreaOpts	分隔区域配置项
MarkPointOpts	标记点配置项	GridOpts	直角坐标系网格配置项

3. render()函数

render()函数用于将图表绘制到 HTML 文件中，默认保存位置和源程序文件在同一目录，默认文件名为 render.html。用户也可以自定义路径和文件名。

4. 绘制第一个图表

代码如下：

```
from pyecharts import options as opts
from pyecharts.charts import Bar
#创建 Bar 类的对象，并指定画布的大小
bar=Bar(init_opts=opts.InitOpts(width='600px',height='300px'))
#添加数据
bar.add_xaxis(["衬衫", "羊毛衫", "雪纺衫", "裤子", "高跟鞋", "袜子"])
bar.add_yaxis("商家 A", [5, 20, 36, 10, 75, 90])
bar.add_yaxis("商家 B", [15, 25, 16, 55, 48, 8])
#设置标题、副标题、标签
bar.set_global_opts(title_opts=opts.TitleOpts(title="柱形图示例",
subtitle="我是副标题"),yaxis_opts=opts.AxisOpts(name="销售额(万元)",
name_location="center", name_gap=30))
bar.render()
```

程序运行后生成 render.html 文件，第一个柱形图如图 9-13 所示。

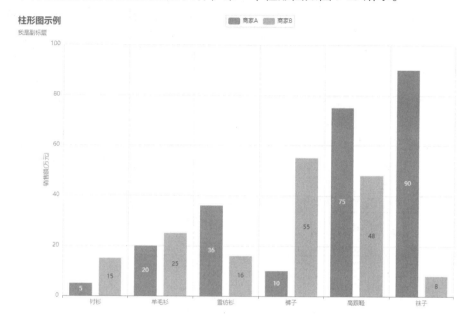

图 9-13　第一个柱形图

9.3.3　Matplotlib 绘图库

Matplotlib 是 Python 中最受欢迎的数据可视化软件包之一，支持跨平台运行，它是 Python 常用的 2D 绘图库，同时它也提供了一部分 3D 绘图接口。Matplotlib 通常与 NumPy、Pandas 一起使用，是数据分析中不可或缺的重要工具。

1. Matplotlib 架构

如图 9-14 所示，Matplotlib 由 3 个不同的层次结构组成，分别是脚本层、美工层和后端层。

图 9-14　Matplotlib 架构

（1）脚本层。脚本层是 Matplotlib 结构中的最顶层。大部分绘图代码都在该层运行，它的主要工作是负责生成图形与坐标系。

（2）美工层。美工层是结构中的第二层，它提供了绘制图形元素时的各种功能，如绘制标题、轴标签、坐标刻度等。

（3）后端层。后端层是 Matplotlib 的最底层，它定义了 3 个基本类，首先是 FigureCanvas

（图层画布类），它提供了绘图所需的画布；其次是 Renderer（绘图操作类），它提供了在画布上进行绘图的各种方法；最后是 Event（事件处理类），它提供了用于处理鼠标和键盘事件的方法。

2. Pyplot 模块

Matplotlib 中的 Pyplot 模块是一个类似于命令风格的函数集合，这使 Matplotlib 的工作模式和 MATLAB 相似。

Pyplot 模块提供了可以用于绘图的各种函数，例如，创建一个画布，在画布中创建一个绘图区域，或在绘图区域添加一些线、标签等。表 9-14 对这些函数进行了简单介绍。

表 9-14　Pyplot 模块绘图函数

函数名称	功能描述	函数名称	功能描述
Bar	绘制条形图	Plot	在坐标轴上画线或标记
Barh	绘制水平条形图	Polar	绘制极坐标图
Boxplot	绘制箱形图	Scatter	绘制 X 与 Y 的散点图
cohere	绘制相关性函数	Stackplot	绘制堆积面积图
Hist	绘制直方图	Stem	绘制二维离散数据火柴图
his2d	绘制 2D 直方图	Step	绘制阶梯图
Pie	绘制饼图	Quiver	绘制二维箭头

3. Matplotlib 图形参数设置

（1）线条的设置示例 1：使用 plot() 绘制简单曲线。

```python
import matplotlib.pyplot as plt
import pandas as pd
#生成数据
x=pd.Series([1,2,3,4,5,6,7,8,9,10,11,12,13,14,15,16,17,18,19,20])
y1=(x-9)**2+1
y2=(x+5)**2+8
#绘图
plt.plot(x,y1)
plt.plot(x,y2)
#输出图形
plt.show()
```

输出结果如图 9-15（a）所示。对线条的颜色、线宽和数据点的颜色、大小进行设置，代码如下：

```python
import matplotlib.pyplot as plt
import pandas as pd
#生成数据
x=pd.Series([1,2,3,4,5,6,7,8,9,10,11,12,13,14,15,16,17,18,19,20])
```

```
y1=(x-9)**2+1
y2=(x+5)**2+8
#绘图并设置线型、颜色等参数
plt.plot(x,y1,linestyle='-.',color='b',linewidth=5)
#添加点，设置点的样式、颜色、大小等参数
plt.plot(x,y2,marker='*',color='g',markersize=9)
#输出图形
plt.show()
```

输出结果如图 9-15（b）所示。

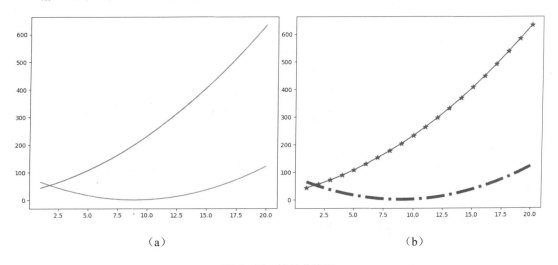

（a）   （b）

图 9-15　简单曲线图

（2）坐标轴及图例的设置。Matplotlib 坐标轴刻度值的范围可以使用 xlim() 和 ylim() 函数设置，坐标轴的标签可以使用 xlable() 和 ylable() 函数设置，图例可以使用 legend() 函数设置。

对上例程序的坐标轴和图例分别进行设置，代码如下：

```
import matplotlib.pyplot as plt
import pandas as pd
x=pd.Series([1,2,3,4,5,6,7,8,9,10,11,12,13,14,15,16,17,18,19,20])
y1=(x-9)**2+1
y2=(x+5)**2+8
plt.plot(x,y1,linestyle='-.',color='r',linewidth=5,label='lineA')
plt.plot(x,y2,marker='*',color='b',markersize=9,label='lineB')
plt.xlabel('X',size=15)
plt.ylabel('Y', rotation=90,verticalalignment='center',size=15)
plt.ylim(-50,700)
plt.legend(loc='upper center')
plt.show()
```

输出结果如图 9-16（右）所示。

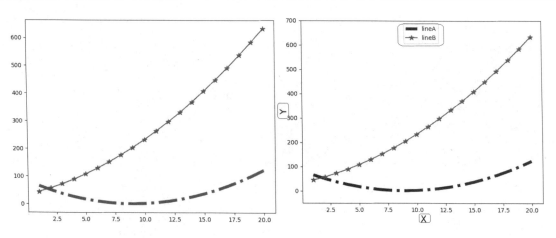

图 9-16　设置坐标轴及图例参数对比

9.4　案例实战可视化图表

通过前面内容的学习，已经初步掌握了 Python 的基础语法及两个流行的绘图工具类的设置方法，下面通过各种实例来验证自己的学习成果吧！

9.4.1　销售数据分析图表应用

1. 目标达成率分析

例 9-1　某企业 2021 年度目标销售额为 980 万元，其中受新冠疫情影响，截至 2021 年 10 月底，总销售额为 575 万元，请根据以上数据，使用仪表盘制作分析图，展示销售目标完成率情况。

```
from pyecharts import options as opts
from pyecharts.charts import Gauge
#计算目标达成率
rate=575/980
#创建仪表盘对象
g = Gauge()
#设置仪表盘参数
g.add('',[('销售目标达成率',rate*100)],
        axisline_opts=opts.AxisLineOpts(linestyle_opts=opts.LineStyleOpts(color=[(rate,
'#37a2da'),(1,'#d2cfd5')],width=30)),title_label_opts=opts.LabelOpts(font_size=18,
color='black',font_family='MicrosoftYaHei'),detail_label_opts=opts.LabelOpts
(formatter='{value}%',font_size=23, color='red'))
#输出仪表盘图像
g.render(path='d:\\python\\仪表盘-设置颜色.html')
```

输出结果如图 9-17 所示。

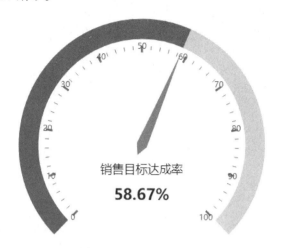

图 9-17　目标达成率仪表盘

2. 销售额占比分析

例 9-2　某公司销售额数据如表 9-15 所示，请根据表中数据绘制饼图，分析各产品销售额占比情况，并突出显示占比最小的产品。

表 9-15　销售数据表

单位：元

产品名称	衬衫	羊毛衫	牛仔裤	短裤	运动裤	袜子	连衣裙
销售额	2 736	1 180	1 498	1 234	2 325	305	2 946

具体代码如下：

```
import pandas as pd
import matplotlib.pyplot as plt
import xlwings as xw #引入 XLwings 类方便操作 Excel 文件
df=pd.read_excel(r'd:\python\例 9-2.xlsx')
#注意：运行前先将数据文件复制到 D 盘 "python" 文件夹中
fig = plt.figure() #创建图像类，方便传递图像文件
#设置图例字体
plt.rcParams['font.sans-serif']=['SimHei']
plt.rcParams['axes.unicode_minus']=False
#输入数据
x=df['产品名称']
y=df['销售额']
#设置饼图参数，explode()函数用于突出显示最小值，需要先对 Excel 数据进行排序
plt.pie(y,labels=x,labeldistance=1.1,autopct='%.3f%%',pctdistance=0.8,radius=1.0,
explode=[0,0,0,0,0,0,0.3])
#设置图表标题
```

```
plt.title('产品销售额占比图',fontdict={'color':'red','size':18},loc='center')
app=xw.App(visible=True) #设置操作 Excel 过程可视，打开文件，插入图片，保存并关闭。
wb=app.books.open(r'd:\python\例 9-2.xlsx')
sht=wb.sheets[0]
sht.pictures.add(fig,name='销售额占比图表',update=True,left=200)
wb.save()
wb.closc()
app.quit()
```

程序运行结果将图片保存在指定的 Excel 文件中，如图 9-18 所示。

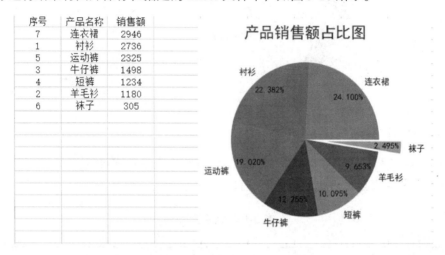

图 9-18　产品销售额占比图

9.4.2　财务数据分析图表应用

1. 财务收支分析

例 9-3　某公司上半年收入与支出数据如表 9-16 所示，请根据表中数据绘图分析收入与支出之间的关系。

表 9-16　某公司上半年收入与支出表

月份	收入	支出	支出占比
1 月	10 463	2 500	23.89%
2 月	9 845	6 300	63.99%
3 月	8 451	5 500	65.08%
4 月	6 467	5 000	77.32%
5 月	7 821	6 200	79.27%
6 月	7 234	7 500	103.68%

具体代码如下：

```
from pyecharts import options as opts
from pyecharts.charts import Line
import pandas as pd
#注意：运行前先将数据文件复制到 D 盘的 python 文件夹中
df=pd.read_excel(r'd:\python\例 9-4.xlsx')
df_list = df.values.tolist() #将 DataFrame 转为列表
x=[]    #新建 x 轴数据列表
y1=[]   #新建 y 轴数据 1（收入）
y2=[]   #新建 y 轴数据 2（支出）
for data in df_list:
    x.append(data[0])       #遍历列表，将月份放到 x 轴上
    y1.append(data[1])      #遍历列表，将收入数据放到 y 轴上
    y2.append(data[2])      #遍历列表，将支出数据放到 y 轴上
#绘图
l= Line()
#添加折线图 x 轴数据
l.add_xaxis(x)
#添加折线图 y 轴数据 1
l.add_yaxis('收入', y1,color='#8A2BE2',areastyle_opts=opts.AreaStyleOpts(opacity=0.5))
#添加折线图 y 轴数据 2
l.add_yaxis('支出', y2,color='#FF4500',areastyle_opts=opts.AreaStyleOpts(opacity=0.5))
#设置图表的标题和位置
l.set_global_opts(title_opts=opts.TitleOpts('公司收入支出分析',pos_left='5%'),
xaxis_opts=opts.AxisOpts(axistick_opts=opts.AxisTickOpts(is_align_with_label=True),
is_scale=False,boundary_gap=False))
#输出图像到指定文件，注意：运行程序前请确保 D 盘中有 python 文件夹
l.render(path='d:\\python\\面积图-收入支出.html')
```

程序运行结果如图 9-19 所示。

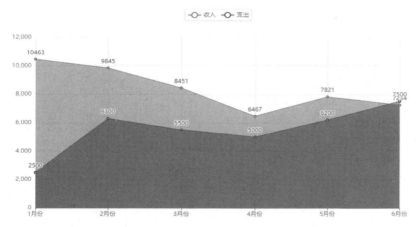

图 9-19　程序运行结果

2. 财务预算分析

　　例 9-4　某公司销售部上半年支出严重超出预算，为加强管理，需进行分析，数据如表 9-17 所示，请根据表中的数据采用多种图形分析支出超预算较多的部门。

表 9-17　销售部预算支出对照表

单位：元

部门	预算金额	实际支出金额	超出部分	超出占比
销售 1 部	40 000.00	45 123.00	5 123.00	12.81%
销售 2 部	60 000.00	85 462.00	25 462.00	42.44%
销售 3 部	60 000.00	74 125.00	14 125.00	23.54%
销售 4 部	10 000.00	12 358.00	2 358.00	23.58%
销售 5 部	40 000.00	45 698.00	5 698.00	14.25%
销售 6 部	50 000.00	74 532.00	24 532.00	49.06%

分析：本题可采用柱形图＋折线图双轴图形来实现可视化分析。

详细代码如下：

```
from pyecharts import options as opts
from pyecharts.charts import Bar,Line,Grid
from pyecharts.globals import ThemeType
import pandas as pd
#注意：运行前先将数据文件复制到 D 盘的 python 文件夹中
df=pd.read_excel(r'd:\python\公司差旅费明细.xlsx')
#将 Excel 中读出的数据转为列表，详细说明见例 9-3 注释
df_list = df.values.tolist()
x=[]
y1=[]
y2=[]
y3=[]
for data in df_list:
    x.append(data[0])
    y1.append(data[1])
    y2.append(data[2])
    y3.append('%.2f'%(data[4]*100))

l=Line()    #创建折线对象
b= Bar()    #创建柱形图
#创建主题
g=Grid(init_opts=opts.InitOpts(theme = ThemeType.PURPLE_PASSION))
#设置柱形图参数
b.add_xaxis(x)
b.add_yaxis('预算金额', y1, category_gap='35%',z=0)
b.add_yaxis('实际支持金额', y2, category_gap='35%',z=0)
#添加双轴（折线用）
```

```
b.extend_axis(yaxis=opts.AxisOpts(type_='value', name='百分比',min_=0,max_=60,
position='right',axislabel_opts=opts.LabelOpts(formatter='{value}%')))
b.set_global_opts(title_opts=opts.TitleOpts(title='预算支出分析',pos_left='3%'))
#设置折线图参数
l.add_xaxis(x)
l.add_yaxis("超出占比",y3,yaxis_index = 1)
#折线图与柱形图叠加在一起
b.overlap(l)
#折线图与柱形图组合
g.add(chart = b,grid_opts = opts.GridOpts(),is_control_axis_index =True)
g.render(path='d:\\python\\柱形折线组合图-预算分析.html')
```

程序运行结果如图 9-20 所示。

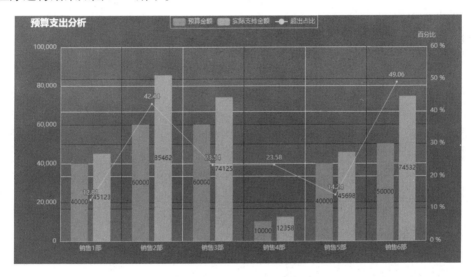

图 9-20　程序运行结果

9.4.3　人力资源数据分析图表应用

1. 职业能力测试

例 9-5　霍兰德职业兴趣测试是美国职业指导专家霍兰德根据大量的职业咨询经验及其职业类型理论编制的测评工具。根据个人兴趣的不同，霍兰德将人格分为研究型（I）、艺术型（A）、社会型（S）、企业型（E）、传统型（C）和现实型（R）6 个维度，每个人的性格都是这 6 个维度不同程度的组合。假设现在 6 名用户分别进行了测试，得出的测试结果如表 9-18 所示，请使用雷达图展示测试结果。

表 9-18　测试结果

人格	用户 1	用户 2	用户 3	用户 4	用户 5	用户 6
研究型	0.40	0.32	0.35	0.30	0.30	0.88
艺术型	0.85	0.35	0.30	0.40	0.40	0.30
社会型	0.43	0.89	0.30	0.28	0.22	0.30
企业型	0.30	0.25	0.48	0.85	0.45	0.40
传统型	0.20	0.38	0.87	0.45	0.32	0.28
现实型	0.34	0.31	0.38	0.40	0.92	0.28

制作雷达图详细代码如下：

```
import numpy as np
import matplotlib.pyplot as plt
plt.rcParams['font.family'] = 'SimHei'
plt.rcParams['axes.unicode_minus'] = False
dim_num = 6
data = np.array([[0.40, 0.32, 0.35, 0.30, 0.30, 0.88],
                 [0.85, 0.35, 0.30, 0.40, 0.40, 0.30],
                 [0.43, 0.89, 0.30, 0.28, 0.22, 0.30],
                 [0.30, 0.25, 0.48, 0.85, 0.45, 0.40],
                 [0.20, 0.38, 0.87, 0.45, 0.32, 0.28],
                 [0.34, 0.31, 0.38, 0.40, 0.92, 0.28]])
angles = np.linspace(0, 2 * np.pi, dim_num, endpoint=False)
angles = np.concatenate((angles, [angles[0]]))
data = np.concatenate((data, [data[0]]))
#维度标签\n",
radar_labels = ['研究型(I)', '艺术型(A)', '社会型(S)',
                '企业型(E)', '传统型(C)', '现实型(R)']
radar_labels = np.concatenate((radar_labels, [radar_labels[0]]))
#绘制雷达图\n",
plt.polar(angles, data)
#设置极坐标的标签\n",
plt.thetagrids(angles * 180/np.pi, labels=radar_labels)
#填充多边形\n",
plt.fill(angles, data, alpha=0.25)
plt.show()
```

运行结果如图 9-21 所示。

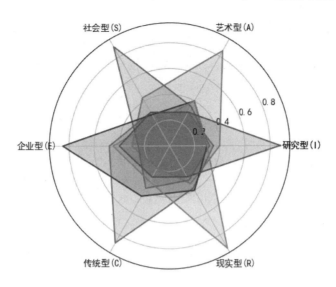

图 9-21　雷达图分析霍兰德职业兴趣

9.5　综合实验

实验 1

例 9-6　某公司年度各项销售费用明细如表 9-19 所示，请根据表中的数据使用变形的饼图——玫瑰图分析各项费用占比情况。

表 9-19　某公司年度各项销售费用明细

单位：元

销售费用项目	工资薪酬	差旅费	交通费	广告宣传费	租赁费	低值易耗品摊销	业务招待费	其他
金额	2 036 606.00	198 725.00	185 064.00	3 699 899.00	533 456.00	1 221 918.00	50 076.00	658 659.00

具体代码如下：

```
import pandas as pd
from pyecharts import options as opts
from pyecharts.charts import Pie
#注意：运行前先将数据文件复制到 D 盘的 python 文件夹中
df=pd.read_excel(r'd:\python\销售费用明细.xlsx')
x=df['销售费用项目']
y=df['金额']
#创建饼图对象
p = Pie()
p.add('',[list(z) for z in zip(x, y)],radius=['30%', '40%'],center=[300,200],
```

```
rosetype='radius')        #设置玫瑰花瓣根据占比大小，厚度不同
#设置标题和图例
p.set_global_opts(title_opts=opts.TitleOpts(title='销售费用分析',pos_left='28%'),
legend_opts=opts.LegendOpts(orient='vertical',pos_top='20%',pos_left='65%' ))
#设置数据系列标签，显示数据项名称和百分比
p.set_series_opts(label_opts=opts.LabelOpts(formatter='{b}:{d}%'))
#设置各系列颜色
p.set_colors(['orange','blue','grey','cyan','purple','red','green','Lime'])
#输出结果
p.render(path='d:\\python\\玫瑰图-销售费用明细.html')
```

程序运行结果如图 9-22 所示。

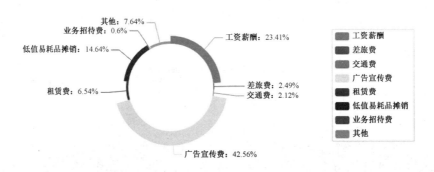

图 9-22　程序运行结果

实验 2

例 9-7　使用表 9-19 中的数据制作饼图，分析各项费用占比情况，并将结果保存至文件。详细代码由读者自主完成。

9.6　思考与练习

一、填空题

1. 在 Python 中使用＿＿＿＿＿进行单行注释。

2. 在 Python 中对两个整数进行整除时，使用的符号为＿＿＿＿＿＿＿。

3. 在 Python 中，上下文管理器使用的关键字是＿＿＿＿＿＿＿。

4. 在 Python 中，使用内嵌的＿＿＿＿＿＿函数获取对象的类型。

5. 在 Python 异常处理时，把可能发生异常的代码放在＿＿＿＿语句中。

二、选择题

1. 下列标识符命名中，符合规范的是（　　　）。

A. 1_a　　　　　　　　B. for　　　　　　　　C. 年龄　　　　　　　　D. a#b

2. 下列标识符中，不是 Python 支持的数据类型的是（　　　）。

A. char　　　　　　　　B. int　　　　　　　　C. float　　　　　　　　D. str

3. 下列选项中，不是 Python 关键字的选项是（　　　）。

A. with　　　　　　　　B. int　　　　　　　　C. del　　　　　　　　D. for

4. 表达式 3 and 4 的结果为（　　　）。

A. 3　　　　　　　　　B. 4　　　　　　　　　C. True　　　　　　　　D. False

5. 表达式 eval("500/10")的结果为（　　　）。

A. "500/10"　　　　　　B. 500/10　　　　　　C. 50　　　　　　　　D. 50.0

6. 已知 a = "abcdefg"，则 a[2:4]的值为（　　　）。

A. bc　　　　　　　　　B. bcd　　　　　　　　C. cd　　　　　　　　D. cde

7. 如果需要对字符串进行分割，那么需要使用的方法是（　　　）。

A. split　　　　　　　　B. strip　　　　　　　　C. join　　　　　　　　D. len

8. 如果希望退出循环，那么可使用下列哪个关键字？（　　　）

A. continue　　　　　　B. pass　　　　　　　　C. break　　　　　　　D. exit

9. 已知 a = [1, 2, 3, 4, 5]，下列选项能访问元素 3 的有（　　　）。

A. a[3]　　　　　　　　B. a[-3]　　　　　　　C. a[2]　　　　　　　　D. a[-2]

10. 已知 a = [i*i for i in range(10)]，则 a[3]的值为（　　　）。

A. 3　　　　　　　　　B. 4　　　　　　　　　C. 9　　　　　　　　D. 16

三、程序分析题

1. 阅读下列代码，当用户分别输入 15 和 35 时，程序执行结果为_____。

```
num_1 = input("请输入第一个数：")
num_2 = input("请输入第二个数：")
print(num_1 + num_2)
```

2. 阅读下列代码，该程序执行的结果为_____。

```
sum = 0
for i in range(10):
if i // 3 == 2:
continue
sum = sum + i
print(sum)
```

3. 阅读下列代码，该程序执行的结果为_____。

```
i = 1
while i < 6:
```

```
i = i + 1
else:
i = i *3
print(i)
```

4. 阅读下列代码，该程序执行的结果为_____。

```
a = 10
b = 20
def fun(temp_a, temp_b):    #定义函数
a, b = temp_b, temp_a
fun(a, b)    #调用函数
print(a)    #打印结果
```

四、简答题

1. 简述 Python 中的选择语句及其使用场景。
2. 简述列表与元组之间的联系与区别。

参考文献

[1] 陈友洋. 数据分析方法论和业务实战[M]. 北京：电子工业出版社，2022.

[2] 柳扬，张良均. Excel 数据分析与可视化[M]. 北京：人民邮电出版社，2020.

[3] 苏林萍，谢萍. Excel 2016 商务数据处理与分析（微课版）[M]. 北京：人民邮电出版社，2022.

[4] 李军. Excel 新媒体营销达人修炼手册[M]. 北京：人民邮电出版社，2021.

[5] 神龙工作室. 数据分析高手这样用 Excel 图表[M]. 北京：人民邮电出版社，2022.

[6] Excel Home. Excel 数据处理与分析应用大全[M]. 北京：北京大学出版社，2021.

[7] 韩春玲. Excel 数据处理与可视化[M]. 北京：电子工业出版社，2020.

[8] 宋翔. 小白轻松学 Power BI 数据分析[M]. 北京：电子工业出版社，2019.

[9] 尚西. Power BI 数据分析从入门到进阶[M]. 北京：机械工业出版社，2022.

[10] Excel Home. Power BI 数据分析与可视化实战[M]. 北京：人民邮电出版社，2022.

[11] 袁佳林. Power BI 数据可视化从入门到实战[M]. 北京：电子工业出版社，2022.

[12] 赵悦，王忠超. Power BI 商务智能数据分析[M]. 北京：机械工业出版社，2020.

[13] 张煜. Power BI 数据分析从零开始[M]. 北京：清华大学出版社，2020.

[14] 王红明. Python+Tableau 数据可视化之美[M]. 北京：机械工业出版社，2021.

[15] 王国平. Python 数据可视化之 Matplotlib 与 Pyecharts[M]. 北京：清华大学出版社，2020.

[16] 李鲁群，李晓丰，张波. Python 与数据分析及可视化[M]. 北京：清华大学出版社，2021.

[17] 魏伟一. Python 数据分析与可视化从入门到精通[M]. 北京：清华大学出版社，2021.

华信SPOC官方公众号

欢迎广大院校师生 **免费** 注册应用

www. hxspoc. cn

华信SPOC在线学习平台

专注教学

数百门精品课
数万种教学资源

教学课件
师生实时同步

多种在线工具
轻松翻转课堂

电脑端和手机端（微信）使用

SPOC

测试、讨论、
投票、弹幕……
互动手段多样

一键引用，快捷开课
自主上传，个性建课

教学数据全记录
专业分析，便捷导出

登录 www. hxspoc. cn 检索 华信SPOC 使用教程 获取更多

华信SPOC宣传片

教学服务QQ群： 1042940196
教学服务电话：010-88254578/010-88254481
教学服务邮箱：hxspoc@phei. com. cn

电子工业出版社
PUBLISHING HOUSE OF ELECTRONICS INDUSTRY
华信教育研究所